CQ ゼミシリーズ

# 藤原進之介の
# 入試まで使える
# 情報 I

2025年
共通テスト
解説付き

一問一答 ＋ 過去問 ＋ プログラミング

代々木ゼミナール 情報科講師／数強塾グループ代表　藤原 進之介

CQ出版社

は　じ　め　に

　　　みなさん、はじめまして。藤原進之介です。
このたびは『語句が繋がる一問一答』を手にとっていただき、ありがとうございます。

## 2025年度共通テストの傾向と学習のポイント

　まず、最新の大学入学共通テスト（2025年度本試験）の傾向からお話ししましょう。大枠として「読解力を問う問題」が中心となり、知識をそのまま丸暗記しているだけでは対応しきれない場面が増えつつあります。しかし一方で、今年度は知識を直接問う問題が3題しかなかったにもかかわらず、その3題はいずれも細かい内容に踏み込んだ出題でした。結果として、「知識が少なくても読解力次第で8割は狙える。けれど、安定して高得点を狙うならば細かい知識まで理解しながら暗記するべき。」というような試験であったといえます。2025年度は情報Ⅰの初回のテストですから、あえて簡単な出題だったともいえます。

　2025年度は平均点が高めだった影響もあり、難関大学を志望する受験生にとっては「周りと差をつけることが難しい試験だった」からこそ、深い知識の有無による「＋9点ほど」が明暗を分ける可能性がある、ともいえます。

　では、暗記だけを頑張っていればいいのかというと、そうではありません。先ほど触れたとおり、共通テストは読解力や思考力を重視する方向にシフトしています。たとえばアルゴリズムの問題一つをとっても、単に「用語の意味を覚えているか」だけではなく、その用語がどのような仕組みで日常生活や実社会のシステムに結びついているかを理解しているかどうかを確かめる設問が多く見受けられます。

　覚えた知識の背景や活用場面を"つなげて考える"ことができるかどうかが、ここ数年の試験の鍵です。

## 本書の特徴：語句のつながりを意識した一問一答

　このように、「知識を増やす」「理解を深める」この二つを両立させることが、情報Ⅰ入試で高得点を狙う最大のポイントと言えます。そこで本書『語句が繋がる一問一答』では、次のような工夫を凝らしています。

## 1. 一問一答形式で必要な知識を効率よく増やす

ポイントを押さえた設問と解説をセットで学ぶことで、無理なく語句を定着させていきましょう。膨大に思える情報科学の知識も、一つひとつ整理しながら積み上げることで、抜け漏れを防ぎやすくなります。

## 2. 単語同士のつながりを意識させる解説・コラム

例えば「ネットワーク」「セキュリティ」「プログラミング言語」など一見バラバラに見える用語も、その背景には共通する概念や技術が根を張っています。本書では、そうした"背景のつながり"を感じ取れるようなコラムや解説文を用意しました。用語同士を関連づけて覚えられるようになると、忘れにくく、かつ問題を解く際にも素早く応用がきくようになります。

## 3. 具体的な事例・日常生活への落とし込み

「この知識は実生活ではどう役に立つの？」という視点を常に忘れないように、実例を随所に盛り込んでいます。日常のスマートフォン操作からオンラインショッピングまで、情報科学の知識は私たちの身近で息づいています。そのリアルな活用場面を想像しながら学習することで、試験問題にとどまらず、将来にわたって役立つリテラシーが身につくでしょう。

## これから本書を使うみなさんへ

共通テストにおいては、まだ「本当に覚えるべき知識」がどこまで問われるのか、年度によって変動が続く可能性はありますが、「知識があること」「その知識を正しく理解していること」が合格への武器になるのは間違いありません。知識があるからこそ、問題文を深く読める・考察できるという好循環が生まれます。

みなさんが本書を通して、情報科学の単語や概念をしっかりつなげながら学び、試験はもちろん、その先の未来でも役立つスキルを身につけてくださることを願っています。

それでは、一緒に学んでいきましょう！

藤原進之介

# 目次

## 第1章　情報社会の問題解決　5

共通テスト解説 ................................ 6
1-1　情報とは？データとは？ ................ 8
1-2　コミュニケーションとは？メディアとは？....10
1-3　メディアの移り変わり .................... 10
1-4　マスメディアと情報社会 ................ 14
1-5　メディアの長所や分類.................... 16
1-6　メディアリテラシー ...................... 20
1-7　情報モラル................................ 22
1-8　知的財産権................................ 22
1-9　個人情報の保護とその管理.............. 26
1-10　情報社会と情報セキュリティ .......... 28
1-11　生体認証、二要素認証と二段階認証 .... 34
1-12　サイバー犯罪 ............................ 36
1-13　マルウェアとネット詐欺 .............. 36
1-14　情報技術の発展と生活の変化.......... 40
1-15　問題解決の考え方 ...................... 46

## 第2章　情報デザイン　49

共通テスト解説 .............................. 50
2-1　コンピュータでの処理のしくみ ....... 54
2-2　アナログとデジタル.................... 54
2-3　ビットと符号化 ........................ 56
2-4　ビット数の単位計算.................... 58
2-5　ビットによる表現 ...................... 58
2-6　10進法と2進法の変換................ 60
2-7　16進法と2進法........................ 60
2-8　補数.................................... 62
2-9　文字のデジタル表現.................... 62
2-10　さまざまな文字コードと文字化け.... 64
2-11　音のデジタル化 ........................ 68
2-12　画像のデジタル化 .................... 74
2-13　動画のデジタル化 .................... 76
2-14　データの圧縮 .......................... 78
2-15　情報デザイン .......................... 84
2-16　ユニバーサルデザイン ................ 88

## 第3章　コンピュータとプログラミング　93

共通テスト解説 .............................. 94
3-1　コンピュータの処理の仕組み ......... 106
3-2　コンピュータにおける演算の仕組み . 112
3-3　アルゴリズムとプログラミング ..... 122
3-4　プログラミングの基本 ................ 128
3-5　プログラミングの応用 ................ 132
3-6　探索のアルゴリズム .................... 136
3-7　整列のアルゴリズム .................... 140
3-8　乱数を利用したシミュレーション..... 144

## 第4章　情報通信ネットワークとデータの活用　151

共通テスト解説 ............................ 152
4-1　情報通信ネットワーク ................ 156
4-2　回線交換方式とパケット交換方式.. 164
4-3　プロトコル.............................. 168
4-4　インターネットの利用 ................ 172
4-5　電子メールの仕組み.................... 180
4-6　通信における情報の安全を確保する技術
　　　 .................................... 180
4-7　データベース .......................... 188
4-8　データの分析.......................... 198

## 付録　227

プログラミング問題1 ..............................228
プログラミング問題2 ..............................229
プログラミング問題3 ..............................230
プログラミング問題4 ..............................231
プログラミング問題5 ..............................232
プログラミング問題6 ..............................233
プログラミング問題7 ..............................234
プログラミング問題8 ..............................235
プログラミング問題9 ..............................236
プログラミング問題10 .............................237

# 第 1 章

# 情報社会の
# 問題解決

# 藤原進之介の共通テスト解説

> 情報社会の問題解決ではこれが出題

d 「著作者の権利」はいくつかの権利からなっており、それらは大きく著作者人格権と著作権（財産権）に分けられる。著作者人格権に含まれるものとしては［ ス ］が、著作権（財産権）に含まれるものとしては［ セ ］が挙げられる。

―［ ス ］・［ セ ］の解答群―
⓪ 意匠権　　① 肖像権　　② 商標権
③ 相続権　　④ 知的財産権　⑤ 同一性保持権
⑥ 特許権　　⑦ パブリシティ権　⑧ 複製権

【2022年度　共通テスト　情報関係基礎　第一問】

 共通テストではこれが出る！

**解答**　ス ⑤　セ ⑧

**解説**　著作権や産業財産権といった知的財産権に関するテーマは頻出です。産業財産権4種類の有効期限や、商標権だけ更新可能である点など確認しておきましょう。

　著作権のうち著作者人格権が何を意味するか？どのような場面で話題になるか？といった理解を深めていくことで、共通テストの課題文として出題された場合に対応しやすくなるでしょう。

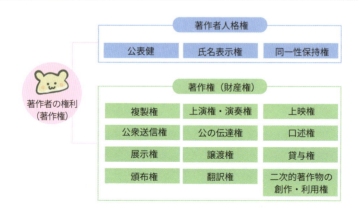

みなさんは、いろいろな場面で"著作権"という言葉を耳にしたことがあるのではないでしょうか。著作権とは、作品を作った人（著作者）の権利を法律で守るための仕組みのことです。たとえば、誰かが作った曲を勝手に録音して配布したり、作品を無断で書き換えて発表したりするのを制限することで、作品を作った人の利益や気持ちを守ろうというわけです。

著作権は大きく分けると、「財産権」と「著作者人格権」の2種類に分類できます。

## 1. 財産権　＝お金に直接結びつく権利
- ・　勝手に作品をコピーされたり、無断で無料配布されたりしないようにする
- ・　作品の利用料（ライセンス料など）を受け取る権利を守る

イメージとしては、著作者にとって作品は「財産（お金と関わりのある大切なもの）」である、という考え方です。

### 具体例
- ・　好きなアーティストのCDを買って、友だちに大量に複製して配る行為は、アーティストの利益を奪うことになるため、財産権の侵害となります。
- ・　有料の写真素材を正規の購入手順を踏まずにコピーし、SNSやブログで使いまわす行為も同じです。

## 2. 著作者人格権　＝お金よりも、著作者の"気持ち"や"名誉"を守るための権利
- ・　作品を勝手に改変されない
- ・　公開したくない作品を、無断で公表されない
- ・　本来の著作者名を勝手に書き換えられない

作品には、それを生み出した著作者の個性や思いが強く込められています。著作者が意図しない形で公表されたりすれば、著作者の気持ちを傷つけ、名誉を損なう可能性があるのです。

### 具体例
あるイラストレーターが描いたキャラクターの絵を、誰かが勝手に顔のパーツだけ入れ替えて"新しいキャラ"として公開した場合、著作者人格権の侵害にあたります。

## なぜ著作権が重要なのか？
たとえば、自分が作ったイラストや音楽が、無断でコピーされ、改変され、あるいは勝手にネットで売られてしまったらどうでしょうか。このようなことから法律によって著作者を守るしくみを整えているのが「著作権」というわけです。

## 日常生活と著作権
著作権は、実は私たちの身近なところで関わっています。「これって勝手に使っても大丈夫かな？」と考えたことがあるなら、それは著作権を意識した行動です。
- ・　SNS投稿：他人が撮った写真やイラストを無断で自分の投稿に使う
- ・　動画配信：好きな音楽をBGMにした動画をネットにアップロードする
- ・　コピー・配布：学校のレポートにネット上の画像を使う際の扱い

こうした場面で、著作権の知識があるかどうかによって、気づかないうちに違反してしまう危険性も、逆に正しく守れる可能性も変わってきます。

# 第1章 情報社会の問題解決

## 1-1 情報とは？データとは？

**0001** 事実、概念、指示などを数値、文字、記号、音声、画像、映像などの形式で表現した、一見すると価値のない知らせを[　]と呼びます。

データ

**0002** 意味のある形に整理されたデータを[　]といいます。人の行動を変えうる、価値のある知らせです。

情報

**0003** 情報や経験に基づき、理解や判断を行うための体系化された内容を[　]といいます。

知識

**0004** 知識を元にした、状況に応じた最適な判断や行動を導く力を[　]といいます。

知恵

**0005** データ、情報、知識、知恵の関係を示すピラミッド型の概念モデルを[　]といいます。

DIKWピラミッド

**0006** 情報が容易にコピーされる性質を示す言葉は[　]です。可用性を高めることにも繋がりますが、盗まれても気づきにくいという注意点もあります。

複製性

➡可用性

**0007** 情報が長期間にわたり保持される性質を[　]と呼びます。これにより、過去の情報を参考にすることが可能ですが、完全消去しにくいという注意点もあります。

残存性

**0008** 情報が迅速かつ広範囲に伝わる性質は[　]といいます。例として、SNSでの発言は瞬時に拡散されるため、炎上に注意するべきです。

伝播性

➡炎上

過去問▶

**1.** まわりにある事象を数字、文字、記号などで表したものを〔 A 〕、それを人間にとって意味や価値のあるものにしたものを〔 B 〕と呼ぶ。〔 B 〕を分析し、体系化して問題解決に活用できるようにしたものを〔 C 〕という。

【解答群】
ア。メディア　イ。知識　ウ。ビッグデータ　エ。データ　オ。情報

【北海道情報大学　情報Ⅰサンプル問題】

解答
| A | エ。データ |
| B | オ。情報 |
| C | イ。知識 |

解説　事実、概念、指示などを数値、文字、記号、音声、画像、映像などの形式で表したものを「データ」といいます。このデータを人間にとって意味のある形に整理されたものを「情報」といい、情報や経験に基づき、問題解決に活用できるように体系化されたものを「知識」といいます。

---

**2.** 右図はDIKWピラミッドと言われる情報に関する「知識、情報、データ、知恵」の関係を表した概念モデルです。右図のア〜エに当てはまるものとして適当なものを下記から選べ。

⓪ 知識　① 情報　② データ　③ 知恵

出典：日本IBM

【オリジナル問題】

解答　ア：③　イ：⓪　ウ：①　エ：②

解説　事実や概念などを数値や文字で表したものをデータといいます。これらのデータを意味のある形に整理したものを情報、さらに情報を活用できるように体系化されたものを知識と言います。これらの知識を身に付け、問題解決や発想につなげることを知恵と言います。これらの関係から図のピラミッドの下方からデータ→情報→知識→知恵となります。

**0009**
ニュースの一部だけを切り取って発信するように、情報が特定の目的に向けて適用されることがある性質を□□□という言葉で表現する場合があります。

目的性

**0010**
同じ授業を聞いていても生徒ごとに価値があったりなかったりするように、情報の価値は受信者ごとに大きく異なるという性質を□□□という言葉で表現する場合があります。

個別性

**0011**
情報は□□□という性質があるからこそ、多くの情報をコンパクトに収納できますが、一方で盗まれても気付きにくいというデメリットもあります。

形がない

## 1-2 コミュニケーションとは？メディアとは？

**0012**
人と人とが情報や感情を交換し共有する行為を□□□と呼び、言語を使うものや絵を使うものなどが存在します。

コミュニケーション

**0013**
社会や文化の中で、情報伝達を媒介する媒体としての機能を果たすものを□□□といいます。

メディア

## 1-3 メディアの移り変わり

**0014**
情報技術や通信技術の発展によって情報が重要な資源となった社会を□□□といいます。

情報社会

**0015**
狩猟や採集を基盤とした社会を□□□といい、Society1.0と表現されることがあります。

狩猟社会

## 過 去 問 ▶

**3.** 情報は現代社会において重要な資源であり、その特性を理解することは情報科学においてとても重要です。情報の特性には、[ ア ]、[ イ ]、[ ウ ]などがあります。[ ア ]とは、情報が容易にコピーできる特性を指します。例えば、デジタルデータは簡単にコピーでき、コストもほとんどかかりません。

次に、[ イ ]とは、情報が使用された後も消滅せずに残る特性を意味します。つまり、情報は一度使用しても消費されることなく、何度でも利用可能といえます。最後に、[ ウ ]とは、情報が広範囲にわたって迅速に伝達される特性を示します。インターネットの普及により、情報は瞬時に世界中に伝わるようになりました。これらの性質の他にも、情報の送信者や受信者にはある目的をもって情報を発信したり、受信したりする[ エ ]や、情報を受け取る目的や価値観によって情報の価値が変化するという[ オ ]などもあります。このような特性を持つ情報を、特性に応じて利用していくことが重要になっていきます。

問　空欄[ ア ]～[ オ ]に当てはまる言葉を次の⓪～⑦から最も適当なものを1つずつ選べ。

⓪　残存性　　　①　可変性　　　②　目的性　　　③　伝播性
④　一時性　　　⑤　分散性　　　⑥　複製性　　　⑦　個別性

【オリジナル問題】

**解答** [ ア ] ⑥ 複製性　 [ イ ] ⓪ 残存性
[ ウ ] ③ 伝播性　 [ エ ] ② 目的性
[ オ ] ⑦ 個別性

**解説** 情報には様々な性質があります。コストがかからず容易にコピーができる性質である「複製性」、情報の使用後、長期間にわたって保持される性質である「残存性」、情報が迅速かつ広範囲に伝達される性質である「伝播性」などが挙げられます。

また、情報の送信者や受信者が特定の目的をもって情報を送信したり、受信したりするなどの情報操作を行う性質である「目的性」、情報を受け取る際の目的や価値観によって情報の価値が変化する性質である「個別性」などがあります。

このように、情報を取り扱う際は、相手の目的性を考慮し、個別性を考慮した情報発信を行うなどの倫理観が求められる場合も存在します。

| 0016 | 農耕や牧畜を基盤とした社会を [    ] といいます。 | 農耕社会 |
| 0017 | 産業革命以降の機械化された大量生産を基盤とする社会を [    ] といいます。 | 工業社会 |
| 0018 | 情報が物品などのように価値を持ち、情報技術の発展によって形成される社会を [    ] といいます。 | 情報社会 |
| 0019 | 仮想空間と現実空間を高度に融合させた人間中心の社会を [    ] といいます。 | Society 5.0 |
| 0020 | 石材に文字を刻むことで、情報や記録を後世に残すために用いられた文字体系を [    ] といいます。 | 石板文字 |
| 0021 | 洞窟の壁に描かれた絵や記号を [    ] といいます。 | 洞窟壁画 |
| 0022 | 音声を記録・再生する装置で、エジソンが発明したものを [    ] といいます。 | 蓄音機 |
| 0023 | 印刷を機械的に行う装置を [    ] といいます。 | 印刷機 |

## 過去問

**4.** 日本の社会は時代とともに狩猟社会、農耕社会、工業社会、情報社会へと続いてきた。この次に続く創造社会ともいわれる人間中心の未来の社会を何というか。以下の選択肢から最も適したものを1つ選び、記号で答えなさい。

> ア。インターネット社会　　イ。Society 5.0　　ウ。第2次産業革命
> エ。ユビキタスコンピューティング　　　　　　オ。シンギュラリティ

【北海道情報大学　情報Ⅰサンプル問題】

**解答**　イ。Society 5.0

**解説**　日本政府が提唱する未来社会のビジョンであり、技術革新を活用して人間中心の社会を実現することを目指した概念を「Society 5.0」といいます。狩猟社会、農耕社会、工業社会、情報社会に続く、情報社会の進化形として、サイバー空間とフィジカル空間を高度に融合させることで、社会課題の解決と新たな価値の創造を目指しています。なお、他の選択肢の「インターネット社会」とは、情報社会において、パーソナルコンピュータ、スマートフォン、タブレットなどの情報機器などでインターネットに接続して情報のやり取りを行う社会のことです。「第2次産業革命」とは、1870年代から始まった、電力や石油などを中心とする重化学工業を中心とした産業技術の革新のことです。主にドイツやアメリカなどを中心として発展しました。「ユビキタスコンピューティング」とは、社会や生活の中のあらゆるところにコンピュータが存在するという情報の環境を表す言葉です。現代の社会ではこういった環境が整っていることにより、いつでもどこでも情報にアクセスできる環境であるといえます。こういった社会を「ユビキタス社会」と言います。「シンギュラリティ」とは、ここ近年発展している人工知能（AI）が進化することにより、人間の知性を超える時が来たときの転換点のことをいいます。今後AIが進化することにより、「AI自身がAIを開発するようになる」とも言われています。

　Society1.0から5.0までの流れを覚えておこう。情報社会は4.0だよ！現代の情報社会において解決できていない様々な社会問題を、AIやIoTやブロックチェーンのような新しい技術で解決する新しい社会のことをSociety5.0と呼ぶんだ。
　第1次産業革命から第3次産業革命が、Society1.0から5.0までのどのタイミングで訪れているか、というポイントもチェックしておこうね！

# 1-4 マスメディアと情報社会

**0024** 広く大衆に向けて情報を伝えるメディアを [ ] といいます。

マスメディア

**0025** [ ] とも称される、情報やデータを資源として扱う考え方があります。

21世紀の石油

**0026** インターネットを介して人々が情報を共有し交流するプラットフォームを [ ] といい、政治に影響を与えることもあります。

ソーシャルメディア

➡ アラブの春

**0027** 個人が簡単に情報を発信できるウェブサービスを [ ] といい、個人が作成したコンテンツにファンが集まることもあります。

SNS

➡ UGC

**0028** 2010年代にアラブ諸国で起こった、インターネットを使った市民運動を [ ] といいます。

アラブの春

**0029** 一般ユーザーがインターネット上に投稿したコンテンツを [ ] といい、消費者が生成したメディアのことを [ ] といいます。

UGC・CGM

➡ コラム1

**0030** 同じ意見や情報ばかりが集まることで、偏った見解が強化される環境を [ ] といいます。

エコーチェンバー

**0031** 似た思想をもつ人々がインターネット上で団結し、異なる意見を排除した過激なコミュニティを形成する現象を [ ] といい、炎上にも関係します。

サイバーカスケード

➡ 炎上

# 過 去 問 ▷

**5.** 現代の情報社会において、情報の伝達手段は多岐にわたります。その中で、[　ア　]は新聞、テレビ、ラジオなど、広範囲にわたる受信者に対して情報を一方向に伝達するメディアを指します。一方で、インターネットの普及により登場した[　イ　]は、ユーザ同士が情報を共有し、双方向のコミュニケーションを行うことができるメディアです。[　イ　]の中で、特に個人が自分の意見や日常生活を発信し、他者と交流するためのプラットフォームとして普及しているのが[　ウ　]です。メディアによってそれぞれ異なる特性を持ち、情報の伝達方法や受信者の反応に影響を与えます。

問　空欄[　ア　]から[　ウ　]に当てはまる言葉を次の⓪～⑦から最も適当なものを1つずつ選べ。

⓪　ブログ　　　　①　インターネット　　②　ソーシャルメディア
③　SNS　　　　　④　チャット　　　　　⑤　マスメディア
⑥　フォーラム　　⑦　デジタルメディア

【オリジナル問題】

**解答**　[　ア　]　⑤　マスメディア
　　　　　[　イ　]　②　ソーシャルメディア
　　　　　[　ウ　]　③　SNS

**解説**　新聞やラジオ、テレビなどのように広範囲で送信側から受信側へ一方向に情報を伝達するメディアを「マスメディア」といいます。また、情報技術の発展により登場したインターネットの普及によってユーザ同士が双方向にコミュニケーションを行うことができるメディアを「ソーシャルメディア」といいます。ソーシャルメディアの中でもユーザ同士が交流するためのプラットフォームとして登場したものが「SNS」です。

---

### コラム

**～ CGM と UGC の違い～**　YouTube やブログサイトが CGM にあたり、それに投稿された動画や記事が UGC という関係になります。CGM は、企業が発信する公式なメディア（テレビ、新聞など）とは異なり、消費者同士のやり取りや情報発信が中心となるメディアの形態です。消費者の口コミや意見が広がりやすいという点で、マーケティングや企業のブランド戦略においても非常に重要な役割を果たしています。

**0032** ＿＿＿＿は、自分に合った情報だけが表示され視野が狭まる現象です。一方、情報技術へのアクセスの不平等によって生じる格差をデジタルデバイドといいます。

フィルターバブル
➡デジタル
　デバイド

## 1-5　メディアの長所や分類

**0033** 情報を視覚的に表現するメディアを＿＿＿＿といいます。

表現メディア

**0034** 情報を保存・保管するためのメディアを＿＿＿＿といいます。

記録メディア

**0035** 情報を伝達するためのメディアを＿＿＿＿といいます。

伝達メディア

**0036** 物理的な形を持つメディアを＿＿＿＿といいます。

物理メディア

**0037** 広く大衆に情報を伝えるためのメディアを＿＿＿＿といい、中央集権的な情報発信構造を持つことが多いです。

マスメディア

➡中央集権的

**0038** 組織の権力や意思決定が中央に集まり、そこから末端へと伝わるような構造を＿＿＿＿であるといいます。

中央集権的

## 過 去 問 ▶

**6.** SNSやメール、Webサイトを利用する際の注意や判断として、適当なものを、次の⓪～⑤のうちから二つ選べ。ただし、解答の順序は問わない。

[ ア ]・[ イ ]

⓪ 相手からのメッセージにはどんなときでも早く返信しなければいけない。

① 信頼関係のある相手とSNSやメールでやり取りする際も悪意を持った者がなりすましている可能性を頭に入れておくべきである。

② Webページに匿名で投稿した場合は、本人が特定されることはない。

③ SNSの非公開グループでは、どんなグループであっても、個人情報を書き込んでも問題はない。

④ 一般によく知られているアニメのキャラクターの画像をSNSのプロフィール画像に許可なく掲載することは、著作権の侵害にあたる。

⑤ 芸能人は多くの人に知られていることから肖像権の対象外となるため、芸能人の写真をSNSに掲載してもよい。

【令和7年度大学入学共通テスト試作問題『情報Ⅰ』】

**解答** ①、④

**解説** SNS (Social Networking Service) とは、ユーザ同士が双方向でコミュニケーションをとることができるソーシャルメディアの一種です。SNSはもちろんのこと、メールやWebサイトなども便利なツールですが、利用には注意が必要です。SNSやメールなどを利用する際に、必ずしも早い返信をする必要はないため⓪は不適。Webページに匿名で投稿した場合でも、本人を特定することは可能なので②は不適。非公開グループなどでも、個人情報を書き込むと拡散される恐れがあり問題があるため③は不適。芸能人だとしても肖像権の対象になるため⑤は不適。したがって、適当な選択肢は①と④です。

## 語句が繋がる

現代の情報社会では、さまざまなメディアが私たちの生活に深く関わっています。情報を伝える手段として「伝達メディア」がありますが、これは「物理メディア」や「マスメディア」といった具体的な形を持つものから、デジタルな形での伝達まで含まれます。特にマスメディアは「中央集権的」な性質を持ち、情報が一方向的に広がる形態です。しかし、インターネットの普及により、情報はより自由に流通し、「メディアリテラシー」の重要性が高まっています。

メディアリテラシーとは、受け取る情報が信頼できるかどうかを判断する力のことです。たとえば、「一次情報」は直接得られた事実に基づくものであり、「二次情報」や「三次情報」は、それを他者が解釈・加工したものです。これらの情報の違いを理解し、信頼性を確認するためには、「クロスチェック」や「ダブルチェック」といった方法が必要です。これにより、情報の正確さを担保し、誤った情報に惑わされにくくなります。また、「デジタルデバイド」という言葉は、情報技術へのアクセスにおける格差を意味し、この格差が広がると社会全体での情報の受け取り方に大きな差が生じることが懸念されています。

さらに、インターネットの利用が拡大するにつれて、「青少年健全育成条例」や「フィルタリング」のように、子供たちを有害なコンテンツから守るための仕組みが整備されています。しかし、その一方で、ネット上では「デマ」や「ネットいじめ」、さらには「炎上」といった問題も増加しています。これらの問題に対処するためには、技術的な対策だけでなく、情報をどう扱うかについての正しい知識が求められます。

第1章では以下の文脈を押さえておこう！

1. 「情報社会」において「ビッグデータ」を「価値のある知らせ＝情報」に変えていくこと。
2. 「コミュニケーション」するために「メディア」が大切であること。
3. 情報の「信ぴょう性」を確かめて安全に暮らすために「情報リテラシー」が大切であること。

また、情報の創造や共有に関しては「知的財産」の考え方が不可欠です。「無体財産」には、「産業財産権」や「著作権」が含まれ、これらの権利によって発明や創作物が保護されます。「特許権」は新しい技術や発明を保護するもので、通常20年の保護期間があります。一方、「実用新案権」や「商標権」は10年間の保護期間があり、デザインの保護では「方式主義」に基づき「部分意匠」や「関連意匠」といった制度も存在します。

　著作者として、私たちには「複製権」や「公表権」「氏名表示権」などの権利が認められており、これらは「著作者人格権」として保護されています。無方式主義の国もありますが、日本では著作権が自動的に発生し、他者に無断で利用されることを防ぎます。また、作品を自由に共有するための仕組みとして、「クリエイティブコモンズ」などのライセンスも普及しています。

　最後に、「個人情報」についても注意が必要です。「生年月日」や「要配慮個人情報」などのデータは、個人情報保護法によって守られており、企業は「プライバシーマーク制度」を利用して適切な情報管理を行います。また、写真やSNSの投稿に付加される「ジオタグ」や「Global Positioning System」(GPS)の情報も、個人情報の一部として扱われ、プライバシー保護の観点から適切な対処が求められます。

1

情報社会の問題解決

# 1-6　メディアリテラシー

**0039** メディアから得た情報を批判的に評価し、正しく理解する能力を[　　　]といいます。

メディアリテラシー

**0040** 直接観察や調査によって得られた信頼性の高い情報を[　　　]といいます。

一次情報

**0041** 新聞記事やウェブなど他人がまとめたり分析した情報を[　　　]といいます。

二次情報

**0042** 発信源が分からない情報のことを[　　　]といいます。デマが拡散されることで、ネットいじめが発生することもあります。

三次情報

➡ デマ

**0043** 異なる情報源から同じ情報を確認することを[　　　]といいます。

クロスチェック

**0044** 同じ情報を複数回確認することを[　　　]といいます。

ダブルチェック

**0045** インターネットやコンピュータを使って情報にアクセスできる能力に格差があることを[　　　]といいます。

デジタルデバイド

過　去　問　▶

# 1 情報社会の問題解決

**7.** 　[　ウ　]という面でいえば、チェーンメールへの対処などにおいて、多くの国民は一定の水準に達しているものと思われる。しかし、新型コロナウイルスやロシアによるウクライナ侵略など、世界的な大問題に関し、フェイクニュースと呼ばれる虚偽のニュースを信ずる人々は多い。身近なところでは、SNSを通じた誹謗中傷が社会問題化している。こういった行為を防ぐため、2021年、プロバイダ責任制限法が改正され、SNS等への書き込みを行った人物の情報開示を事業者に求める手続きが見直されたことは記憶に新しい。ひとりひとりの国民がICTを利活用してどのように社会生活を営んでいくべきかについて、私たちはまだまだ未成熟であり、デジタル社会の実現は一朝一夕になされるものではないといわざるをえないだろう。

問5　文中の[　ウ　]にあてはまる語句として、もっとも適切なものを選びなさい。
①　ICT機器所有率の向上
②　コンピュータリテラシーの修得
③　情報モラルの育成
④　デジタルデバイドの解消

【和光大学2科目選択方式2023　情報　改題】

**解答**　ウ：③

**解説**　問題文に「チェーンメールの対処」や「フェイクニュースを信じる」という文章があることから、③「情報モラルの育成」であると考えられます。情報モラルとは、情報社会で適正な活動を行うための基になる考え方と態度のことです。コンピュータリテラシーとは、コンピュータの知識などのことをいいます。デジタルデバイドとは情報格差といわれ、ITの恩恵を受けることのできる人とできない人との間に生じる格差のことです。

21

## 1-7　情報モラル

**0046**　青少年が健全に成長できるように、インターネット利用を制限するための条例を　　　　といいます。
青少年健全育成条例

**0047**　有害なウェブサイトへのアクセスを制限する技術やサービスを　　　　といいます。
フィルタリング

**0048**　事実に基づかない誤った情報を指す言葉は　　　　といい、特定の個人が批判される原因にもなります。
デマ
➡ネットいじめ

**0049**　SNSや掲示板などで、特定の個人を繰り返し攻撃したり、仲間はずれにしたりする行為を　　　　といいます。
ネットいじめ

**0050**　インターネット上での発言が過熱し、攻撃的な投稿が大量に発生する現象を　　　　といいます。
炎上

## 1-8　知的財産権

**0051**　人間の創造力や知識を法的に保護する権利を　　　　といいます。
知的財産権

**0052**　物理的な形を持たない財産を指す言葉は　　　　といいます。
無体財産

# 過去問

**8.** 著作者の権利には、公表権が含まれている。公表権とは、まだ公表されていない著作物を公衆に提供または提示する権利であり、言い換えれば、著作者の意に反して自らの著作物が公表されることのない権利と言える。これをふまえると、[ ケ ]は、著作者の権利のうち公表権を侵害する可能性がある。

[ ケ ]の解答群
- ⓪ 友人がこっそりノートに描きためていたイラストをのぞき見して、その感想を無断でSNSに書き込んでしまうこと
- ① 友人がこっそりノートに描きためていたイラストを、無断でSNSに公開してしまうこと
- ② イラストを描いているときの友人の顔を写真に撮り、無断でSNSに公開してしまうこと
- ③ 友人が秘密にしていたのに、友人の趣味がイラストを描くことであることを無断でSNSに書き込んでしまうこと

【共通テスト2022　情報関係基礎】

**解答** ①

**解説** 公表権とは、まだ公表されていない著作物を公表するかしないかを決定できる権利です。⓪に関しては、感想を無断で書き込む行為は著作物を公表しているわけではないので不適といえます。②に関しては、友人の写真を撮って公開する行為は、公表権ではなく、肖像権の侵害に当たるため不適です。③に関しても、著作物を公表しているわけではないので不適です。したがって①が正答となります。

　スマホで気軽に写真を撮れる情報社会では、肖像権やパブリシティ権が大切なテーマになるね。
　産業財産権4種（特許・実用新案・商標・意匠）の有効期限や更新の有無みたいな細かい知識はテストの題材にしやすい。共通テストは「**文脈や資料を読み取る問題**」が出題されがちだけど、教科書に書いてある細かい知識も出題される可能性があるから、本書では著作権のうち公表権のような細かい問題も記載しているよ。
　公表権と一緒に「頒布権（はんぷけん）」もチェックしておこうね

| | | |
|---|---|---|
| 0053 | 特許権や実用新案権、意匠権、商標権など、産業に関する知的財産権を [    ] といいます。 | 産業財産権 |
| 0054 | 文学、音楽、美術などの創作物に対する権利を [    ] といいます。 | 著作権 |
| 0055 | 新しい発明に対して与えられる独占的な権利を [    ] といいます。 | 特許権 |
| 0056 | 日常生活で使う道具や製品の新しい設計や工夫に対して与えられる独占的な権利を [    ] といいます。 | 実用新案権 |
| 0057 | 商品やサービスの名称やロゴを保護するための権利を [    ] といいます。 | 商標権 |
| 0058 | 商標権の保護期間は [    ] です。 | 10年 |
| 0059 | 特許など、登録等の手続きによって権利が発生する考え方を [    ] といいます。 | 方式主義 |
| 0060 | 意匠の一部分に対して認められる権利を [    ] といいます。 | 部分意匠 |
| 0061 | 基本意匠に基づき、改良や変更が加えられた意匠を [    ] といいます。 | 関連意匠 |

# 過去問 ▷

**1** 情報社会の問題解決

**9.** Z社製のパソコンは、小型軽量化した新世代の電池を採用している。Z社はこの電池に関する技術の［　オ　］を持っている。すなわち、Z社は、この電池に関する技術を［　カ　］に使用することができるので、他社はZ社の許諾なしにはこの技術を使用することができない。なお、［　オ　］は［　キ　］に申請して認可されることにより与えられる権利であり、その権利は［　ク　］保護される。

このパソコンと包装には、Z社の自社製品であることを示すマークが印刷されている。このマークはZ社の［　ケ　］として［　キ　］に登録されている。したがって、Z社は、［　コ　］を所有していることになり、このマークを［　カ　］に使用することができる。

--- ［　ア　］～［　オ　］、［　コ　］の解答群 ---
⓪ Unicode（ユニコード）　① バーコード　② ASCII（アスキー）
③ JISコード　④ OSI　⑤ RFID　⑥ POS　⑦ セキュリティ
⑧ 在庫　⑨ 勤務状況　ⓐ 売上　ⓑ 肖像権　ⓒ 商標権　ⓓ 特許権

--- ［　カ　］・［　キ　］、［　ケ　］の解答群 ---
⓪ 総務省　① 特許庁　② 税務署　③ アイコン　④ シンボル
⑤ 登録商標　⑥ 共有的　⑦ 独占的　⑧ 部分的

--- ［　ク　］の解答群 ---
⓪ 新しい技術が認可されるまで　① 期間の制限なく
② 一定の期間　③ 申請者が次の申請をするまで

【センター試験2020　情報関係基礎】

**解答**　オⓓ　　カ⑦　　キ①　　ク②　　ケ⑤　　コⓒ

**解説**　Z社は小型軽量化した電池という新しい発明をしているため権利の中の「ⓓ特許権」を持っています。特許権は、開発した技術を「⑦独占的」に使用することができます。また、特許権は、「①特許庁」に申請することにより20年という「②一定の期間」保護されます。商品の名称やロゴを保護するための権利として「ⓒ商標権」があります。商標権は、ロゴなどを「⑤登録商標」として特許庁に登録されています。

25

| | | |
|---|---|---|
| 0062 | 特許権の存続期間は通常 ☐ です。 | 20年 |
| 0063 | 実用新案権の存続期間は通常 ☐ です。 | 10年 |

## 1-9　個人情報の保護とその管理

| | | |
|---|---|---|
| 0064 | 小説や絵画、音楽など、オリジナルの作品を作った人を ☐ といいます。 | 著作者 |
| 0065 | 手続きを一切必要とせず、著作物が作られた瞬間に著作権が発生するとする考えを ☐ といいます。 | 無方式主義 |
| 0066 | 著作物の利用について法的に認められた引用を行う場合、最も重要な条件の1つに ☐ があります。 | 出所の明示 |
| 0067 | 著作権侵害を示す言葉は ☐ といいます。 | 剽窃または盗用　　　➡ 著作者人格権 |
| 0068 | 著作者に与えられた、著作物を複製する権利を ☐ といいます。 | 複製権 |
| 0069 | 著作者が、自分の作品を世の中に初めて公開する権利を ☐ といいます。 | 公表権 |

## 過去問 ▶

**10.** c　クリエイティブ・コモンズ（CC）ライセンスでは、次の四つの条件を組み合わせて権利者が著作物の利用条件を指定し、バナーなどで表示することができる。ただしBYは必須である。それ以外はオプションであるが、矛盾する条件を指定することはできない。

- (i) BY　－作品のクレジット（作者名など）を表示すること
- (¥) NC　－営利目的で利用しないこと
- (=) ND　－元の作品を改変しないこと
- (↻) SA　－（改変してよいが）元の作品のライセンスを継承すること

解答群のバナーのうち、組合せが誤っているものは［　カ　］と［　キ　］である。

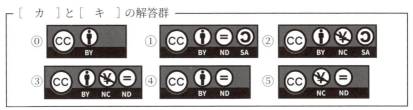

［　カ　］と［　キ　］の解答群

【共通テスト2022　情報関係基礎　追試】

**解答**　①、⑤

**解説**　クリエイティブ・コモンズライセンスに関する問題です。問題文に「BYは必須である」とあるように、「BY」は必ず入れる必要があります。したがって⑤が不適といえます。さらに「ND」には「元の作品を改変しないこと」とあり、「SA」には「（改変してよいが）元の作品のライセンスを継承すること」とあります。これらは改変に関して矛盾している内容の記載があるため、同時に指定することはできません。したがって①が不適であるといえます。

**0070** 著作物に自分の名前を表示する権利を [　　] といいます。

氏名表示権

**0071** 著作物を意に反して改変されない権利を [　　] という。

同一性保持権

**0072** 著作者が持つ人格権を [　　] といいます。剽窃や盗用は、著作者の人格権を侵害する行為です。

著作者人格権

➡剽窃

**0073** 映画などの作品を複製して、それを他の人に売ったり貸したりする権利を [　　] といいます。

頒布権

**0074** 俳優や演奏家など、著作物を伝達した者に与えられる権利を [　　] といいます。

著作隣接権

**0075** 著作者が「作品を自由に使ってよい」という意思を表示するものが [　　] である。

クリエイティブコモンズ

# 1-10 情報社会と情報セキュリティ

**0076** 生存する個人に関する情報で、氏名、生年月日、住所、顔写真などにより特定の個人を識別できる情報を [　　] といいます。

個人情報

**0077** 基本4情報には、氏名、性別、住所、[　　] が含まれます。

生年月日

## 過 去 問 ▷

**11.** b 有名人の肖像は経済的価値をもつことから、経済的な利益を保護する権利
として、パブリシティ権が認められている。これをふまえると、[ エ ]する行為は、この権利を侵害する恐れがある。

--- [ エ ]の解答群 ---
⓪ 有名人の容姿についてインターネットの掲示板に投稿
① 有名人の写真を使い、無断で商品を開発して販売
② 自分の学校に有名人が訪れたことを文章にしてSNSに発信
③ 自分で描いた有名人の似顔絵を撮影して、スマートフォンに保存

【共通テスト2023　情報関係基礎】

**解答** ①

**解説** パブリシティ権とは、有名人や著名人が自身の氏名や肖像、サインや芸名などを無断で使用され、経済的な利益を保護する権利です。

⓪に関しては、有名人や著名人の容姿を投稿しているわけではなく、容姿についての個人的な意見を投稿しているだけなので、パブリシティ権の侵害には当たりません。

②に関しては、有名人が訪れたことを記したのみであり、経済的な利益があるわけではないためパブリシティ権の侵害とは言えません。

③に関しては、有名人の似顔絵を書き、拡散するわけではなく私的利用でスマートフォンに保存したのみなのでパブリシティ権の侵害には当たりません。したがって、有名人の写真を使い、無断で商品を開発して経済的利益を得たことになるため、正答は①となります。

---

1 情報社会の問題解決

| 0078 | 人種や病気など、個人を特定しやすく、差別や偏見につながる恐れのある情報を＿＿＿といいます。 | 要配慮個人情報 |
|---|---|---|
| 0079 | 個人に関する情報が不正に利用されることを防ぎ、プライバシーを保護するために制定された日本の法律を＿＿＿といいます。 | 個人情報保護法 |
| 0080 | 情報の漏洩や不正利用を防ぐために、企業などが個人情報保護に取り組んでいることを示すマークを＿＿＿といいます。 | プライバシーマーク制度 |
| 0081 | 肖像権の中でも、特に自分の肖像を商業的に利用されることを禁止する権利を＿＿＿といいます。 | パブリシティ権 |
| 0082 | 写真や映像に含まれる位置情報を＿＿＿といいます。 | ジオタグ |
| 0083 | GPSの正式名称は＿＿＿です。 | Global Positioning System |
| 0084 | 地理的な位置情報と様々なデータを結びつけ、分析や可視化を行うシステムを＿＿＿といいます。 | GIS |
| 0085 | 車などの移動体の現在地を正確に把握し、目的地までのルートを案内するシステムを＿＿＿といいます。 | ナビゲーションシステム |

**12.** a　ファイアウォールを設置することでセキュリティが高まる。その理由として最も適当なものを、次の⓪〜③のうちから一つ選べ。

⓪　すべての通信をファイアウォールが暗号化するため。
①　ルールに合わない通信をファイアウォールが遮断するため。
②　定期的にウイルス検査をファイアウォールが行うため。
③　サーバのセキュリティホールをファイアウォールが修正するため。

【共通テスト 2021　情報関係基礎】

**解答**　①

**解説**　ファイアウォールとは、企業などの社内ネットワークにインターネットを通して外部から侵入してくる不正アクセスや、社内ネットワークから外部へ許可されていない通信から守る役割があります。

⓪に関しては、暗号化をするわけではないため不適。②に関しては、ファイアウォールはアクセス制御を行うのみで、定期的にウイルス検査を行うわけではないため不適。なおウイルス検査はウイルス対策ソフトウェアが行います。③に関しては、ファイアウォールがセキュリティホールの修正を行うことはできないため不適。したがって正答は①です。

---

第1章では、「情報の信ぴょう性」の文脈で「セキュリティ」の分野が出題される可能性があるよ。
　情報セキュリティの3大要素は CIA（機密性 C・完全性 I・可用性 A）と表現されて、バランスが大切という話もあったね。ログインパスワードを長く複雑にすれば「機密性は上がる」けど、「可用性は下がる」みたいに、トレードオフの関係になっていることが多いんだ。
　上記の問題に出てくるファイアウォールは基本だね。「安全な通信だけを通す仕組み」だと解釈しておこう。

## 語句が繋がる

　現代の情報社会では、私たちの生活は様々なデジタル技術に囲まれています。その一例が「GIS（地理情報システム）」や「ナビゲーションシステム」です。これらの技術を利用することで、地図上での位置情報を簡単に取得し、目的地までのルートを効率的に導きます。しかし、このようなシステムの運用においては、情報の「完全性」や「可用性」が確保されていなければなりません。完全性とは、情報が改ざんされていないこと、可用性とは必要な時に情報が利用できることを指します。

　これらを実現するためには、「アクセス制御」や「ファイアウォール」といったセキュリティ対策が必要です。例えば、インターネットを通じて不正なアクセスから情報を守るためには、「生体認証」や「知識認証」を組み合わせた「二要素認証」や「二段階認証」が用いられます。生体認証は指紋や顔認証を利用し、知識認証はパスワードを用いた確認手法です。これにより、パスワードだけでは防ぎきれない「不正アクセス」に対して強力な防御が可能となります。

　一方で、インターネット上には「マルウェア」と呼ばれる悪意のあるソフトウェアが存在します。これには「キーロガー」や「スクリーンロガー」、さらには「ランサムウェア」などがあります。キーロガーはキーボード入力を記録し、スクリーンロガーは画面の情報を盗み取ります。ランサムウェアは、システムやデータを人質に取り、身代金を要求するマルウェアです。また、トロイの木馬や「ボット」もよく知られた攻撃手法で、これらがシステムに侵入すると、架空請求や「ワンクリック詐欺」のような詐欺行為に繋がることがあります。さらに、ブラウザで使用される「クッキー（Cookie）」にも注意が必要です。クッキーは利便性を高める一方で、悪用されることで個人情報が漏れるリスクも存在します。

「セキュリティーホール」も大きな問題です。これは、システムやソフトウェアの脆弱性のことで、不正アクセスの入り口となることがあります。特に電子マネーや「ICチップ」を使った「キャッシュレス社会」が進む中で、このようなセキュリティのリスクは大きくなっています。キャッシュレス決済には「RFID」技術が使われることが多く、「トレーサビリティーシステム」によって商品の流通経路が追跡できるようになりました。このようなシステムが「電子商取引」に活用され、商品やサービスの購入がオンライン上で完結することが一般的になっています。購入者の安全を確保するためには、「エスクローサービス」が役立ちます。これは、購入者と売り手の間に第三者が介在して取引の安全性を保証する仕組みです。

また、最近の技術として「AI（人工知能）」や「機械学習」、「深層学習」が進化を遂げています。これらは膨大なデータから自動で学習し、最適な解を導き出す技術です。これにより、問題解決が高速化・自動化され、様々な分野で応用されています。さらに「ユビキタスコンピューティング」や「IoT（モノのインターネット）」によって、あらゆるデバイスがインターネットに接続され、情報のやり取りがスムーズに行える時代が到来しています。

しかし、このような便利さには副作用もあります。「テクノストレス」や「ネット依存」といった問題も顕在化しており、デジタル社会に適応するための新しい健康管理が必要です。情報技術を活用しつつ、問題解決のために適切な対策を講じることが、これからの情報社会で求められるスキルとなります。

# 1-11 生体認証、二要素認証と二段階認証

**0086** 情報セキュリティの三要素には、機密性、□□□、可用性が含まれます。

完全性

**0087** データのバックアップを行うことで、データの□□□が向上します。

可用性

**0088** 冗長化の目的は、システムの□□□を確保することです。

可用性

**0089** 情報セキュリティのCIAモデルは、機密性、□□□、可用性で構成されています。

完全性

➡剽窃

**0090** アクセスできるユーザーを制限することを□□□といいます。ファイアウォールは□□□の一つです。

アクセス制御

➡ファイアウォール

**0091** 「防火壁」を意味する言葉で、通してはいけないデータを止める機能を□□□といい、可用性の維持にも関係します。

ファイアウォール

➡可用性

34

## 過去問

**13.** 次の空欄に当てはまる適切な言葉を解答群から選び、記号で答えなさい。
[ ク ]サービスは利用するためにアカウントが必要となるが、パスワードに加えてワンタイムパスワードを発行するセキュリティトークンを利用した認証も併用する[ ケ ]への対応も進んでいる。

解答群
⓪ クラウド　　　① サーバ　　　② リンク　　　③ ルータ
④ クライアント　⑤ 二段階認証　⑥ IPアドレス　⑦ Wi-Fi
⑧ LAN　　　　 ⑨ DoS

【武蔵野大学教育学部・工学部・データサイエンス学部A日程2021】

**解答** ク：⓪　ケ：⑤

**解説** クラウドサービスなどアカウントが必要となる場合、パスワードのみではセキュリティ面で不安があるため、セキュリティトークンなどを利用した二段階認証が勧められている。

---

クラウドはiPhoneの「iCloud」みたいに写真を保存するためにも気軽に使用している身近なものだね。
　パスワードが分かれば遠く離れた人でもアクセスできるかもしれないから、注意が必要だ。
　上記の問題の「DoS攻撃」はDenial of Service Attackの略で、過剰なアクセスをわざと実施することでサーバをダウンさせようとする悪質な攻撃のことだね。ブルートフォース攻撃（野蛮な力の攻撃）にも似ている攻撃方法だよ。
現代のネット上の攻撃は「ボット（bot）」という遠隔操作の技術を悪用したものも主流になっているよ。
遠隔操作して海外のサーバを経由すれば日本の警察が動けないこともあるんだ。
「DDoS攻撃」はDistributed Denial of Service Attackの略で、ボットを悪用して分散して攻撃するよ。

## 1-12 サイバー犯罪

**0092** 指紋や顔や虹彩の特徴を用いた認証技術を［　　　］といいます。　生体認証

**0093** セキュリティの脆弱性を悪用して、他人のコンピュータに侵入することを［　　　］といいます。　不正アクセス

**0094** 物理的なデバイスを使って本人確認を行う方法を［　　　］といいます。　所有物認証

**0095** パスワードなどの知識を利用して認証を行う手法を［　　　］といいます。　知識認証

**0096** 二つの異なる要素（例：パスワードとトークン）を組み合わせて認証を行う手法を［　　　］といいます。　二要素認証

**0097** 一つの要素に対する複数の手続き（例：パスワードと確認コード）を組み合わせて認証を行う手法を［　　　］といいます。　二段階認証

## 1-13 マルウェアとネット詐欺

**0098** コンピュータウイルスやスパイウェアなどの悪意のあるソフトウェアを［　　　］といいます。　マルウェア

## 過去問 ▶

**14.** (2) セキュリティに関する先生と生徒との会話

生徒：最近、サイバー犯罪のニュースが多いですね。[ 6 ] の漏洩を防ぐための対策はありますか。

先生：会社や友人を装ったメールのメッセージ内のリンクから本物そっくりの偽サイトでパスワードやクレジットカードの番号をだまし取る [ 7 ] には、日頃から注意する必要があるね。また、コンピュータウイルスなどコンピュータに何らかの被害を及ぼす悪意のあるソフトウェア（不正プログラム）の総称である [ 8 ] への対策も重要だね。

生徒：私のコンピュータ上では、ウイルス対策ソフトウェアが常駐しています。

先生：加えて、特定の利用者だけがコンピュータシステムやデータを操作することができるような [ 9 ] の設定も必要になるし、インターネットに接続しているコンピュータが外部から不正に侵入されないようにするためにも、ネットワークの出入口に [ 10 ] を設置するなどの対策も重要だね。

---

[ 6 ]～[ 10 ]の解答群

① キーロガー　　　　② アクセス制御　　　③ フィッシング
④ セキュリティホール　⑤ ファイアウォール　⑥ ランサムウェア
⑦ 個人情報　　　　　⑧ マルウェア　　　　⑨ バックアップ
⓪ 情報格差

---

【東北学院大学　情報Ⅰ　サンプル問題】

**解答**　(6)⑦　(7)③　(8)⑧　(9)②　(10)⑤

**解説**　選択肢の中で漏えいするものとして考えられるのは「⑦個人情報」です。偽サイトへ誘導して、パスワードやクレジットカード情報をだまし取る手法を「③フィッシング」といいます。ウイルス、ワーム、トロイの木馬などの不正プログラムの総称を「⑧マルウェア」といいます。特定の利用者のみデータ操作を可能にする設定を「②アクセス制御」といいます。外部からの不正侵入を防ぐためのシステムを「⑤ファイアウォール」といいます。

| | | |
|---|---|---|
| 0099 | キーボード入力を記録し、パスワードなどの情報を盗むソフトウェアを [　　　] といいます。 | キーロガー |
| 0100 | 画面に表示される情報を記録するソフトウェアを [　　　] といいます。 | スクリーンロガー |
| 0101 | コンピュータのファイルを暗号化し、解除のために身代金を要求する悪意のあるソフトウェアを [　　　] といいます。 | ランサムウェア |
| 0102 | 他のコンピュータに感染して、遠隔操作などを行うプログラムを [　　　] といいます。 | ボット |
| 0103 | 有用なプログラムのふりをして、実際には悪意のある動作をするソフトウェアを [　　　] といいます。 | トロイの木馬 |
| 0104 | 利用していないサービスや商品に対して料金を請求する詐欺を [　　　] といいます。 | 架空請求 |
| 0105 | インターネット上で、リンクをクリックするだけで料金請求される詐欺を [　　　] といいます。 | ワンクリック詐欺 |
| 0106 | ウェブサイトを訪問した際に、ユーザーの情報を一時的に保存する小さなファイルを [　　　] といいます。 | クッキー |
| 0107 | システムやネットワークに存在する弱点や欠陥のことを [　　　] といいます。 | セキュリティーホール |

## 過 去 問 ▶

**15.** a　電子メールは、インターネット上で広く使われているが、その利用には注意が必要である。例えば、企業からのお知らせメールなどを装って本物そっくりの偽サイトに誘導し秘密情報を入力させる［　ア　］という詐欺行為の被害にあうことがある。また、添付ファイルに含まれていた［　イ　］が不正な処理を行うこともある。

```
┌─［　ア　］・［　イ　］の解答群─────────────────
│  ⓪　ウイルス　　　　　①　架空請求　　　　②　個人情報
│  ③　スパムメール　　　④　チェーンメール　⑤　DoS攻撃
│  ⑥　ディジタル署名　　⑦　フィッシング　　⑧　ワンクリック詐欺
└──────────────────────────────────
```

【共通テスト2021　情報関係基礎】

**解答**　ア：⑦　イ：⓪

**解説**　本物そっくりの偽サイトに誘導してIDやパスワードなどの秘密情報を入力させる行為を「フィッシング」といいます。また、メールの添付ファイルなどに「ウイルス」を仕込んで不正な処理を行わせる行為もあります。

他の選択肢について、①「架空請求」とは実際には存在しない請求を求めてくる詐欺のことです。②「個人情報」とは氏名、生年月日など個人を特定することが可能な情報のことです。③「スパムメール」とは、一方的に送り付けられる迷惑メールのことです。④「チェーンメール」とは、メールを送った相手に他の人にメールを送らせることにより、間違った情報などを拡散させてしまうメールのことです。⑤「DoS攻撃」とは、サーバなどに対して過剰なアクセスを行ったりするサイバー攻撃のことです。⑥「ディジタル署名」とは、電子文書が改変されていないことを証明する技術です。⑧「ワンクリック詐欺」とは、URLなどを一度クリックしただけで、契約が成立したことにされて、多額の支払いを求められるという詐欺です。

## 1-14 情報技術の発展と生活の変化

**0108**
パソコンなどのディスプレイを長時間使用することで発生する目や体の不調を［　　　］といいます。

VDT障害

**0109**
現金を使わずに電子的に支払いを行う手段を［　　　］といいます。

キャッシュレス決済

**0110**
コンピューターの頭脳となる、非常に小さな電子回路を組み込んだ部品を［　　　］といいます。

ICチップ

**0111**
非接触でデータのやり取りができる小さな電子タグを［　　　］といいます。

RFID

**0112**
製品の生産から消費までの過程を追跡できるシステムを［　　　］といいます。

トレーサビリティーシステム

**0113**
インターネットを利用して商品やサービスを売買することを［　　　］といいます。

電子商取引

**0114**
インターネットを通じて安全な取引を行うために、第三者が仲介して金銭や商品を管理するサービスを［　　　］といいます。

エスクローサービス

**0115**
人間の知能を模倣するコンピュータシステムを［　　　］といいます。

AI（人工知能）

過去問 ▶

**16.** 問2 次の会話は、自動販売機のネットワークシステムを運用する会社を高校
生たちが訪問したときの、**社員S**と**生徒A**のやり取りである。これを読み、後
の問い（a〜c）に答えよ。

**社員S**：まずは、私たちの会社で扱っている飲み物の自動販売機を紹介します。
この自動販売機には、硬貨投入口に大きな受け皿をつけました。

**生徒A**：これは学校で調べてきました！ユニバーサルデザインという［　ケ　］
を目指した考え方にもとづいて設計されているんですよね。

**社員S**：よく調べてきましたね。さらに（A）非接触型のICカードを使った電
子マネーによっても商品を購入できます。

b　下線部（A）の自動販売機において使用できる非接触型ICカードの説明に
ついて最も適当なものを、次の⓪〜③のうちから一つ選べ。［　シ　］

⓪　専用の磁気読み取り装置に挿入する必要がある。
①　複数の非接触型ICカード間で直接通信することができる。
②　ICチップに内蔵されたメモリに情報が記録されている。
③　電池を内蔵していない非接触型ICカードでも隣り合う自動販売機に電波
が届く。

【共通テスト2024　情報関係基礎】

**解答** ②

**解説** 非接触型ICカードについての問題です。問題文にあるように「非接触」であることか
ら、⓪の磁気読み取り装置に挿入する必要はないため不適。ICカードには電池は必
要ないが、カードリーダーの電磁波にかざす必要があるため、ICカード間での通信
はできません。このため①は不適です。非接触型ICカードは基本的にはカードリー
ダーとの距離が近い必要があるため、隣り合う自動販売機には電波が届きません。こ
のため③は不適です。したがって正答は②です。

41

| 0116 | AIの技術の一つで、データからパターンを学習し予測や分類を行う技術を□□□□□といいます。 | 機械学習 |
|---|---|---|
| 0117 | 機械学習の一種で、多層のニューラルネットワークを使ってデータを分析する技術を□□□□□といいます。 | 深層学習 |
| 0118 | コンピュータがあらゆる場所に存在し、人々の日常生活を支援することを目的とした概念を□□□□□といいます。 | ユビキタスコンピューティング |
| 0119 | 家電や車など、あらゆるものがインターネットにつながる技術を□□□□□といいます。一方、ユビキタスコンピューティングは「コンピュータがいたる所に存在し、いつでもどこでも使える状態をあらわす概念」を指します。 | IoT<br>➡ ユビキタスコンピューティング |
| 0120 | 新しい技術や機器に適応する際に感じるストレスを□□□□□といいます。 | テクノストレス |
| 0121 | インターネットやオンラインゲームに過度に依存する状態を□□□□□といいます。パソコンの長時間使用による肉体的な不調はVDT障害です。 | ネット依存<br><br>➡ VDT障害 |

### コラム

人工知能(AI)は人間の知能を模倣する技術であり、機械学習はそのAIがデータから学習し、パターンを認識するための手法です。機械学習はAIの進化における重要な要素です。

## 過去問 ▶

**17.** SNSへの不適切な投稿をめぐっては、深刻な人権侵害に及ぶ事件も起きている。ドイツに住むシリア難民の男性が自身のフェイスブック上の写真を悪用され、テロリストであるかのような偽のニュースが作られ、拡散した事例が生じた。男性は、人権が侵害されたとして、フェイスブックに写真の削除と拡散防止のための技術的措置を求めて裁判を起こしたが、フェイスブック側は、すべての写真の削除は困難で、拡散を防ぐことはできないと主張した。2017年3月に下された判決では、難民男性の主張は認められなかった。

また、SNSはテロ活動の勧誘に用いられるなど過激思想を持つ団体に悪用されていると批判を受けてきた。これを受けてフェイスブックは2017年6月に、(d)<u>最新技術</u>を応用してテロ対策などに取り組むと発表するにいたった。

ただし、(e)<u>インターネット上の不適切な投稿の取り扱いについては慎重な意見も多く、簡単に解決することは難しい。</u>

(問6) 下線 (d) の最新技術として期待されているものとして最も適切なものを次の①〜⑥の中から一つ選び、その番号を解答欄にマークしなさい。

① IoT　　　② GPS捜査　　③ 生体認証
④ 電子署名　⑤ 人工知能　　⑥ フィンテック

【明治大学情報コミュニケーション学部　2018】

**解答** ⑤

**解説** テロ対策に応用した最新技術として注目されているものは、「⑤人工知能」です。①のIoTは「モノのインターネット」といい、家電など様々なモノをインターネットに接続して相互に情報を交換するシステムです。②のGPS捜査は捜査対象の使用する自動車などにGPSを設置して追跡する捜査のことです。③の生体認証は認証を行う際に、顔や指紋などの身体的特徴を利用する認証方式のことです。④の電子署名は電子の契約書など誰が作成したものかを明らかにするためのものです。⑥のフィンテックは金融サービスと技術を組み合わせた領域のことです。

　問題解決のスキルは、どの分野においても非常に役立つ能力です。問題が発生した際、ただ解決策を考えるのではなく、計画的かつ体系的に対処する方法を身につけることで、より効率的かつ効果的に問題を克服できます。ここで役立つのが「PDCAサイクル」です。これは、「Plan（計画）」、「Do（実行）」、「Check（評価）」、「Act（改善）」という4つのステップを繰り返すことによって、改善を進める手法です。PDCAサイクルを利用することで、問題解決のプロセスを管理し、最適な結果を導き出すことができます。

　また、問題を解決するためのアイデア出しにおいては、複数の方法があります。例えば「ブレーンストーミング」は、集団で自由にアイデアを出し合う手法です。この方法では、批判や評価を行わず、思いついたアイデアを制限なく提案することが奨励されます。さらに、個人の発想を生かした「ブレーンライティング」も有効です。これは、グループメンバーがそれぞれアイデアを紙に書き出し、その紙を回して他の人がアイデアを追加するという方法です。このように、集団の知恵を生かすことで、より多くの解決策を見つけることができます。

　次に、「マインドマップ」や「コンセプトマップ」といった視覚的な手法も、考えを整理する際に役立ちます。マインドマップは、中心となるテーマを基に放射状にアイデアを広げていく方法で、思考の流れを視覚化することができます。一方、コンセプトマップは、概念同士の関係性を図にして整理するもので、情報の構造や関連性を明確にすることが可能です。

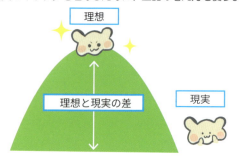

さらに、問題解決においては、論理的に物事を整理する力も欠かせません。「MECE (Mutually Exclusive and Collectively Exhaustive)」というフレームワークは、重複や漏れなく情報を整理するための有効な手法です。これにより、問題を細分化し、全体像を把握しやすくなります。また、「ロジックツリー」を使えば、問題の原因を分岐して掘り下げることができ、より明確な原因追求が可能になります。

アイデアの整理ができた後は、KJ法のような手法を用いることで、集めたアイデアをグループ化し、関連性を見つけることが可能です。この手法は、膨大な情報の中から共通点やパターンを見つけ出し、適切な解決策を選び出すために効果的です。また、「座標軸」を使って、異なる視点から問題を評価することも大切です。例えば、問題の影響度と発生頻度を座標軸上に配置することで、どの問題に優先的に取り組むべきかを判断できます。

## MECE（ミーシー）とは？

# 1-15 問題解決の考え方

**0122** 課題を明確にし、解決策を考え、実行し、結果を評価し、改善を図るプロセスを ◯◯◯◯ といいます。

問題解決

**0123** 計画、実行、確認、改善の４つのステップから成る継続的改善の手法を ◯◯◯◯ といいます。

PDCAサイクル

**0124** グループでアイデアを自由に出し合い、集めるための手法を ◯◯◯◯ といいます。

ブレーンストーミング

**0125** 中心となるテーマを図の中央に置き、そこから関連する情報を枝のように広げて整理する手法を ◯◯◯◯ といいます。

マインドマップ

**0126** グループでアイデアを出し合い、それを文章化して共有する手法を ◯◯◯◯ といいます。

ブレーンライティング

**0127** 情報やアイデアを漏れなく、重複なく整理する手法を ◯◯◯◯ といい、問題解決や分析の精度を高めます。

MECE

**0128** アイデアをグループ化し、付箋などを利用してグループにまとめて整理する手法を ◯◯◯◯ といいます。

KJ法

過 去 問 ▷

**18.** 　日々の生活のなかで、感染者数や重症者数、病床利用率といった数字に人々の注目が集まっている。これらの数字はデータを集計して得られた統計数値である。一般に、問題解決にあたっては、データに基づいた状況の認識が前提となる。
(あ) 問題解決の際に用いられる手法やデータの収集・集計の方法を理解しておくことは、現代社会においてとくに重要である。

問1　下線部 (あ) に関する記述としてもっとも適切なものを選びなさい。

①　KJ法は、参加者を数名程度のグループに分け、それぞれが同じテーマで議論を行って意見をまとめ、その後、各グループが意見を報告し、全体で結論を取りまとめる手法である。
②　KJ法は、たとえば気温と清涼飲料水の売上額など、関連がありそうな二つの数値の関係を回帰式という数式で表したうえで、予測を行う手法である。
③　ブレーンストーミングは、批判厳禁、自由奔放、便乗歓迎といった原則に基づいて、質よりも量を重規して意見を出し合う手法である。
④　ブレーンストーミングは、批判厳禁、自由奔放、便乗歓迎といった原則に基づいて、量よりも質を重視して意見を出し合う手法である。
⑤　マインドマップは、アイデアをひとつずつカードに書き出し、それを小グループに分類し、表題をつけ、さらに関連のある小グループを大グループにまとめ、結論を導く手法である。
⑥　マインドマップは、問題解決にかかわるさまざまな人々の役割を整理し、各自がいろいろな役割を疑似的に体験し、スキルを向上させる手法である。

【和光大学経済経営学部・表現学部・現代人間学部　情報　2022　】

**解答**　③

**解説**　①②のKJ法は思いついたキーワードをカードなどに記入し、関連性のあるものをグループに分けることによって、アイデアを整理する方法です。③④のブレーンストーミングは批判しない、自由にといったルールのもと、質よりも量を重視してアイデアを出し合う方法です。⑤⑥のマインドマップは、中心にキーワードを記入し、これに関連する言葉などを線でつなぎながら考えをまとめる発想法の1つです。この中で説明が正しいものは③です。

| 0129 | 情報を分解し、大分類から中分類、小分類へと重複なく階層構造に分類する手法を□□□□といいます。 | ロジックツリー |
| 0130 | コンセプトとアイデアとの関連を視覚的に示す手法を□□□□といいます。 | コンセプトマップ |
| 0131 | 問題を構成する要素から2つ選び、それぞれを縦横の軸とする座標に比較したいことを配置する手法を□□□□といいます。 | 座標軸 |

# 第 2 章

# 情報デザイン

# 藤原進之介の共通テスト解説

### 情報デザインではこれが出題！

問4　次の文章を読み、後の問い(a・b)に答えよ。

　マウスカーソルをメニューやアイコンなどの対象物に移動する操作をモデル化し、Webサイトやアプリケーションのユーザインタフェースをデザインする際に利用されている法則がある。この法則では、次のことが知られている。

- 対象物が大きいほど、対象物に移動するときの時間が短くなる。
- 対象物への距離が短いほど、対象物に移動するときの時間が短くなる。

a　次の文章中の空欄[　ケ　]に入れるのに最も適当なものを、図5の⓪〜③のうちから一つ選べ。

　この法則では、PCなどでマウスを操作する場合、マウスカーソルはディスプレイの端で止まるため、ディスプレイの端にある対象物は実質的に大きさが無限大になると考える。
　この法則に基づくと、図5の⓪〜③で示した対象物のうち、現在ディスプレイ上の黒矢印で示されているマウスカーソルの位置から、最も短い時間で指し示すことができるのは[　ケ　]である。

図5　ディスプレイ上の対象物

【2025年度　共通テスト　情報Ⅰ　第1問】

共通テストでは これ が出る！

**解答** ケ ②

**解説** 情報デザインに関する理解度が問われます。そもそも情報デザインとは「情報を分かりやすく伝える工夫」のことです。単純に友達に分かりやすく伝える工夫の場合にも使えますし、外国人や高齢の方・色覚多様性のある方に情報を伝えるためにはどうすればいいかな？といった工夫も含まれることに注意しましょう。

今回の出題は「PCの画面のデザインをどう工夫すれば操作しやすいかな？」といったアクセシビリティ・ユーザビリティに関する問題でした。

たとえばシグニファイアという言葉そのものは問われなくても、その言葉が表すようなデザイン的な工夫については出題される可能性があります。

また、デジタル化の計算問題も頻出の分野です。旧センター試験の過去問には「音のデジタル化」においてデータ量を計算する問題が出題されているため、対策しておきましょう。

## コラム

共通テストでは、知識問題そのものは少ししか出題されません。2025年度の共通テストでも3問くらいしか一問一答形式の単純な問題は出題されませんでした。しかし、だからといって知識を覚えなくても高得点が取れるというわけではありません。専門用語が「何を表しているか」とか「大切なことは何か」という理解を深めることで、解けるようになる問題が大部分を占めます。たとえば、「インフォグラフィックス」という言葉がありますが、この言葉そのものは出なくても、「言語の異なる人にも視覚的に理解させられるようなデザインだ」という理解が大切なのです。

インフォグラフィックスの例

　日常生活で私たちが使う「10進法」は、0から9までの数字を使って数を表します。一方で、コンピュータでは「二進法」を使用します。二進法は0と1の2つの数字で構成され、データを電気的なオン・オフで表現します。例えば、数値「2」は二進法では「10」となり、「40」は「101000」、さらには「8192」は「1000000000000」と表現されます。このように二進法で表されるデータは、「ビット」という単位で数えられ、8ビットが集まると「バイト」となります。

　デジタル表現の世界では、データをバイナリ（2進数）として扱います。このバイナリ形式は、カラー画像や「グレースケール画像」、さらには「2値画像」のデータを表すのに使われます。例えば、6ビットのデータは、2の6乗で「64通り」の色や明るさを表現することができ、「光の三原色（赤、緑、青）」を組み合わせることで多様な色合いが可能となります。レコードやカセットテープ、写真フィルムなどに保存された「アナログデータ」をコンピュータで使えるように「デジタルデータ」に変換することを「A/D変換」と呼びます。ここでは、アナログデータ（連続的なデータ）をデジタルデータ（離散的なデータ）に変換する技術が使われます。

　カラー画像では「トゥルーカラー」という方式が使われ、1ピクセルあたり24ビット（約1677万色）で色を表します。これは動画や高解像度画像でも利用され、大容量のデータが必要となる場合もあります。また、数値を扱う際に使われる「オクテット」は8ビットを意味し、一般的に1バイトと同じと考えられています。

次に、「文字コード」について考えてみましょう。文字や記号をコンピュータで扱うためには、それぞれの文字に対応する数値（符号）に変換する必要があります。これを「符号化」と呼びます。最も基本的な文字コード体系として「ASCIIコード」があり、英数字を7ビットで表現します。一方、日本語のような多くの文字を含む言語では、「シフトJISコード」や「ユニコード」などが使われます。シングルバイト文字は1バイト（8ビット）で表され、ダブルバイト文字は2バイト（16ビット）で表されます。

　コンピュータが正しく文字を認識できない場合、画面上で「文字化け」が発生することがあります。これは、文字コードが正しく解釈されない場合に起こる現象です。例えば、ある文字を「シングルバイト文字」として読み込んだが、実際には「ダブルバイト文字」であるといった場合に文字化けが発生します。この問題を解決するために、「ユニコード」という文字コード体系が登場しました。ユニコードは、全世界の言語を統一的に扱うことを目的としており、異なるプラットフォーム間でも文字が正しく表示されるように設計されています。

　また、データの正確性を保証するために「パリティビット」という手法が用いられます。パリティビットは、データを転送する際に誤りが発生していないかを確認するための特別なビットです。さらに、数値を扱う際に「補数」や「反転法」が使われることがあります。

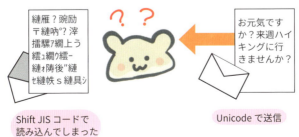

# 第2章 情報デザイン

## 2-1 コンピュータでの処理のしくみ

**0132** 日常で最もよく使われる、0から9までの10種類の数字で数を表す方法を□□□□といいます。

10進法

**0133** コンピュータが理解できる、0と1の組み合わせによる数の表現方法を□□□□と呼びます。

2進法

**0134** 色の濃淡を滑らかに変化させる技術を□□□□といいます。

グラデーション

**0135** 白から黒への濃淡のみで画像を表現する技法を□□□□といいます。

グレースケール

**0136** コンピュータ内部で用いられる、0と1で表現されたデータを□□□□といいます。

バイナリ

## 2-2 アナログとデジタル

**0137** 連続的な量を扱う方式を□□□□といい、不連続な量を扱う方式を□□□□といいます。

アナログ
デジタル

**0138** アナログ信号をデジタル信号に変換することを□□□□または□□□□といいます。

A/D変換または
デジタル化

過 去 問 ▶

**19.** 問1 次の記述bcの空欄 [ ウ ]～[ オ ] に入れるのに最も適当なもの
を、下のそれぞれの解答群のうちから一つずつ選べ。
また、空欄 [ エオ ] に当てはまる数字をマークせよ。

b 2進法で1011の数を4倍すると、2進法で [ ウ ] となる。

c 2進法で1011の数に4を足すと、10進法で [ エオ ] となる。

┌─ [ ウ ] の解答群 ─────────────────
⓪ 1111 ① 101100 ② 101111 ③ 10110000
└────────────────────────────────

【共通テスト2021 情報関係基礎】

**解答** ウ：① エオ：15

**解説** 「123」を10倍すると「1230」になるように、
10進数で10倍すると、左に桁をずらして、
右端に0を加えるように、2進数で2倍すると
左に桁をずらして、右端に0を加えます。この
ため、2進数「1011」を4倍（2×2倍）する
と「101100」となります。また、1011を
10進数に直す場合、右の桁から順に10進数

$$1 \quad 0 \quad 1 \quad 1$$
$$\times \quad \times \quad \times \quad \times$$
$$2^3 \quad 2^2 \quad 2^1 \quad 2^0$$

の$2^0$、$2^1$、$2^2$、$2^3$に対応します。したがって、2進数「1011」を10進数に直すと、
$1 \times 2^3 + 0 \times 2^2 + 1 \times 2^1 + 1 \times 2^0 = 8+0+2+1=11$となります。これに4を足
すと11+4=15となります。

─────────────────────────────────

(1) 次に示す2進数の足し算の結果を、10進数で示すと [アイ] となる。
[アイ] に当てはまる数値を答えよ.

101010 ＋ 000111

【駒澤大学全学部統一2022】

**解答** アイ：49

**解説** 2進数の状態で加算すると101010+000111=110001となります。これを10
進数に直すと$2^5 + 2^4 + 2^0$=32 + 16 + 1 = 49となります。

─────────────────────────────────

2

情報デザイン

55

## 2-3 ビットと符号化

**0139** コンピュータで情報を扱う最小単位を [　　　] といいます。

ビット

**0140** 情報を0と1の組み合わせで表すことを [　　　] といいます。

デジタル表現

**0141** 特定の情報を別の形式で表現するためのルールを [　　　] といいます。

符号

**0142** 情報を特定のルールに従って別の形式に変換することを [　　　] といいます。

符号化

**0143** 画像の各ピクセルを赤、緑、青の3色の組み合わせで表現することを [　　　] といいます。

RGBカラー

**0144** 各ピクセルが白か黒の2値で表現された画像を [　　　] といいます。

2値画像

**0145** 日本の都道府県を識別するために必要なビット数は [　　　] ビットです。

6

過去問 ▶

**20.** グレースケールで表現されたディジタル画像について考える。8ビットの値を16進表記した場合、最小値は00、最大値はFFとなる。この00からFFを256階調のグレースケールとして考えると、それぞれの数値に対応する色（濃淡）が表現できる。図1は、00を黒、FFを白とした8ビットのグレースケール画像の例である。各マス目（画素）にはグレースケールの数値（16進表記）と、その数値に対応する背景色が示されている。

ここで、ディジタル画像における各画素の特定のビットが画像の見た目に与える影響を考える。図1の中で、E0のマス目に注目する。16進表記のE0は、2進表記で1110 0000となり、この上位4ビットは16進表記ではEで、2進表記では1110である。このE0のマス目が含まれる列を最も上のマス目から順に縦方向に見ていくと、マス目の色が白に近い色から黒に近い色に変化していく。この列に含まれるマス目の数値はすべて下位4ビットが16進表記で0であり、上位4ビットはそれぞれ異なる。列内の最小値は16進表記で00、最大値は［ セ ］であり、最小値と最大値の差は10進表記で［ ソタチ ］である。この差が00のマス目と［ セ ］のマス目の色の違いに相当する。

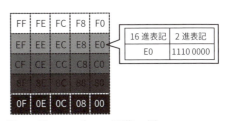

図1　グレースケール画像の例

┌ ［ セ ］の解答群 ─────────────
│ ⓪ 00 　① 80 　② C0 　③ E0 　④ F0 　⑤ FF

【共通テスト2024　情報関係基礎】

**解答** セ：④　ソタチ：240

**解説** 図1の一番右の列についてみると、最小値は「00」、最大値は「F0」であることがわかります。これらの差を考えると16進表記ではF0－00＝F0であり、10進数に直すと、15×16＋1×0＝240となります。

## 2-4　ビット数の単位計算

**0146**
2048Byteは［　　　］KBです。

2

**0147**
5Byteは［　　　］bitです。

40

**0148**
8MBは［　　　］KBです。

8192

## 2-5　ビットによる表現

**0149**
テレビやコンピュータの画面で様々な色を作り出すために使われる3色を［　　　］といいます。

光の三原色

**0150**
赤、緑、青の各8ビット（計24ビット）で表現するカラーを［　　　］または24ビットフルカラーといいます。

トゥルーカラー

**0151**
8ビットのデータ単位をバイトまたは［　　　］といいます。

オクテット

**0152**
100GBと100TBでは、データ量が大きいのは［　　　］です。

100TB

過 去 問 ▶

**21.** コンピュータのディスプレイに表示されるカラー画像は、一般に［　オ　］・
［　カ　］・［　キ　］の光の三原色の組合せによる［　ク　］混色で表現されて
いる。

┌─［　オ　］～［　キ　］の解答群─────────────
⓪　赤　①　青　②　黄　③　緑
④　シアン　⑤　マゼンタ　⑥　白　⑦　黒
└──────────────────────────────

┌─［　ク　］の解答群─────────────────────
⓪　加法　①　減法　②　乗法　③　除法
└──────────────────────────────

【共通テスト2023　情報関係基礎】

**2**
情報デザイン

**解答**　オ、カ、キ：⓪、①、③（順不同）
　　　　ク：⓪

**解説**　コンピュータのディスプレイに使用されているカラー画像は光の三原色といいます。
これは「赤、青、緑（RGB）」の3色を利用した組み合わせで表現されています。これ
らは、光を混ぜ合わせることにより、明るさが加算されていくことから、「加法混色」
と呼ばれています。加法混色の場合は、全ての色を混ぜると白になるという特徴があ
ります。これに対して、プリンターやポスター、チラシなどの印刷物に使用されてい
るカラー画像は色の三原色といいます。これは、「シアン、マゼンタ、イエロー
（CMY）」の3色を利用した組み合わせで表現されています。これらは、色を混ぜ合
わせることにより、明るさが減算されていくことから、「減法混色」と呼ばれています。
減法混色の場合は、全ての色を混ぜると黒になるという特徴があります。

59

## 2-6　10進法と2進法の変換

**0153**
2進法「1000」を10進法に変換すると □ であることからもわかるように、2進法の4桁目は10進法に換算すると □ の重みがあると解釈できます。

8

**0154**
2進法で表された「10010」を10進法に変換すると □ です。

18

**0155**
10進法で表された「25」を2進法に変換すると □ です。

11001

## 2-7　16進法と2進法

**0156**
2進法を16進法に変換するときは、□ ケタごとに区切って考えます。

4

**0157**
16進法で「FF」を2進法で表現すると □ です。

11111111

**0158**
2進法で「10100110」を16進法で表現すると □ です。

A6

## 過 去 問 ▶

**22.** 表1に示す文字コード表について考える。この文字コード表では、英数字や記号に対して7ビットで構成される文字コードを割り当てている。行の見出しは文字コードの上位3ビットを、列の見出しは文字コードの下位4ビットを16進表記で示している。例えば文字「k」の場合、上位3ビットは2、下位4ビットはAであることから、文字「k」に対する文字コードは16進表記で2Aとなり、2進表記では0101010となる。これをふまえると、2進表記の文字コード0000010で表される文字は[　セ　]であり、文字「$」に対する2進表記の文字コードは[　ソ　]となる。

表1　文字コード表

| | | 0 | 1 | 2 | 3 | 4 | 5 | 6 | 7 | 8 | 9 | A | B | C | D | E | F |
|---|---|---|---|---|---|---|---|---|---|---|---|---|---|---|---|---|---|
| | | | | | | | | 下位4ビット | | | | | | | | | |
| 上位3ビット | 0 | A | B | C | D | E | F | G | H | I | J | K | L | M | N | O | P |
| | 1 | Q | R | S | T | U | V | W | X | Y | Z | ○ | △ | ♡ | □ | ◇ | ▽ |
| | 2 | a | b | c | d | e | f | g | h | i | j | k | l | m | n | o | p |
| | 3 | q | r | s | t | u | v | w | x | y | z | ● | ▲ | ♥ | ■ | ♦ | ▼ |
| | 4 | 0 | 1 | 2 | 3 | 4 | 5 | 6 | 7 | 8 | 9 | ♣ | @ | & | ♂ | ☆ | ⅀ |
| | 5 | + | − | × | ÷ | ♪ | ♭ | ♮ | # | ^ | 〒 | ♤ | ♨ | $ | ♀ | ★ | = |
| | 6 | | | | | | | | 未定義 | | | | | | | | | |
| | 7 | | | | | | | | | | | | | | | | | |

─［　セ　］の解答群─────────

⓪　A　　①　C　②　Q　　③　a

④　w　　⑤　4　⑥　8　　⑦　#

─［　ソ　］の解答群─────────

⓪　0111011　　①　0110001　　②　0100001　　③　0111111

④　1100001　　⑤　1011001　　⑥　1010110　　⑦　1011100

【共通テスト2023　情報関係基礎　追試験】

**解答**　セ：①　　ソ：⑦

**解説**　「0000010」を3ビットと4ビットに区切って16進数に直すと、「02」となり、上位が0で下位が2の文字は「C」となります。同様に「$」は16進数で表すと「5C」となり、2進数に直すと「1011100」となります。

## 2-8 補数

**0159** ある数に対して加算するとちょうど桁が上がるような数字をある数の____といいます。

補数

**0160** コンピュータの計算において、ある数の補数を求める際に、すべてのビットを反転させる方法を____といいます。

反転法

**0161** 2進法において「0110」の2の補数は____です。

1010

## 2-9 文字のデジタル表現

**0162** 文字コード体系において、世界中の多様な文字を扱うために設計されたコードを____といいます。

ユニコード（Unicode）

**0163** ユニコードなどのような包括的な文字コードと比べて、扱える文字数が限られたコードを____といいます。

アスキーコード（ASCII コード）

**0164** 文字をデジタル形式で表現するためのコードを____といいます。

文字コード

**0165** さまざまな文字をコンピュータで扱うための規則の集まりを____といいます。

文字コード体系

## 過去問 ▶

**23.** ASCIIコード

(4) コンピュータ内部では一つひとつの文字に文字コードを利用して番号（整数値）が割り当てられている。表1はアルファベットの「A」から「z」（大文字および小文字を含む）までの文字コードであり、それぞれの文字に8ビットで表される番号が割り当てられている。表1において、上位4ビットと下位4ビットはどちらも16進数で表現されており、この方式に従うと、「A」の文字コードは41であり、「a」の文字コードは「61」である。これらを2進数で表現すると、それぞれ、[ ス ]と[ セ ]となる。これらのことから、「a」から「o」までの小文字を大文字に変換するプログラムを書きたい場合、2進数で考えると、小文字の文字コードの上位（左から）[ ソ ]ビット目を[ タ ]から[ チ ]に変換すれば良いことが分かる。

[ ス ]、[ セ ]に当てはまる適切なものを下記の選択肢の中から選び、[ ソ ]～[ チ ]には適切な数値を入れなさい。

[ ス ]、[ セ ]の選択肢：

a。0001 0001　　e。0110 0001
b。0001 0100　　f。0110 0100
c。0100 0001　　g。0111 0001
d。0100 0100　　h。0111 0100

表1
上位ビット

| | 4 | 5 | 6 | 7 |
|---|---|---|---|---|
| 0 | | P | | p |
| 1 | A | Q | a | q |
| 2 | B | R | b | r |
| 3 | C | S | c | s |
| 4 | D | T | d | t |
| 5 | E | U | e | u |
| 6 | F | V | f | v |
| 7 | G | W | g | w |
| 8 | H | X | h | x |
| 9 | I | Y | i | y |
| A | J | Z | j | z |
| B | K | | k | |
| C | L | | l | |
| D | M | | m | |
| E | N | | n | |
| F | O | | o | |

（下位ビット）

【駒澤大学2021全学部統一】

**解答** ス：c　セ：e　ソ：3　タ：1　チ：0

**解説** 「A」の文字コードの41を2進数に直すと、「0100 0001」となり、「a」の文字コードの61を2進数に直すと「0110 0001」となります。また、同様に考えると、「B」の文字コードの42を2進数に直すと、「0100 0010」となり、「b」の文字コードの62を2進数に直すと「0110 0010」となります。これらのように大文字と小文字の違いは上位3ビット目が1か0かの違いになります。このため、小文字から大文字に変換する場合は、上位3ビット目を1から0に変換すればよいことが分かります。

63

| 0166 | 7ビットで英数字を表現する文字コードを＿＿＿といいます。 | ASCIIコード |
|---|---|---|
| 0167 | 日本語を表現するための2バイト文字コードを＿＿＿といいます。 | シフトJISコード |
| 0168 | 1バイトで表現される文字を＿＿＿といいます。 | シングルバイト文字 |
| 0169 | 2バイトで表現される文字を＿＿＿といいます。 | ダブルバイト文字 |

# 2-10 さまざまな文字コードと文字化け

| 0170 | 正しく表示されるべき文字が異なる文字で表示される現象を＿＿＿といいます。 | 文字化け |
|---|---|---|
| 0171 | 世界中の文字を統一的に表現するための文字コードを＿＿＿といいます。 | ユニコード |
| 0172 | 表示装置やプリンターなどの動作を制御するために用いられる＿＿＿は、文字コード体系の一部です。 | 制御文字 |
| 0173 | データの誤りを検出するために追加されるビットを＿＿＿といいます。 | パリティビット |

## 過去問

**24.** 問2 次の文章の空欄 [ エ ]・[ オ ] に入れるのに最も適当なものを、後の解答群のうちから一つずつ選べ。

データの通信において、受信したデータに誤りがないか確認する方法の一つにパリティチェックがある。この方法では、データにパリティビットを追加してデータの誤りを検出する。ここでは、送信データの1の個数を数えて、1の個数が偶数ならパリティビット0を、1の個数が奇数ならパリティビット1を送信データに追加して通信することを考える。例えば、図1に示すように送信データが「01000110」の場合、パリティビットが1となるため、パリティビットを追加したデータ「010001101」を送信側より送信する。

受信側では、データの1の個数が偶数か奇数かにより、データの通信時に誤りがあったかどうかを判定できる。この考え方でいくと、[ エ ]。

例えば、16進法で表記した「7A」を2進法で8ビット表記したデータに、図1と同様にパリティビットを追加したデータは、「[ オ ]」となる。

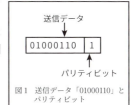

図1 送信データ「01000110」とパリティビット

---

[ エ ] の解答群
⓪ パリティビットに誤りがあった場合は、データに誤りがあるかどうかを判定できない
① パリティビットを含め、一つのビットの誤りは判定できるが、どのビットに誤りがあるかは分からない
② パリティビットを含め、一つのビットの誤りは判定でき、どのビットに誤りがあるかも分かる
③ パリティビットを含め二つのビットの誤りは判定できるが、どのビットに誤りがあるかは分からない
④ パリティビットを含め、二つのビットの誤りは判定でき、どのビットに誤りがあるかも分かる

---

[ オ ] の解答群
⓪ 011110100　① 011110101　② 011110110
③ 011110111　④ 101001110　⑤ 101001111

【令和7年度大学入学共通テスト試作問題『情報Ⅰ』】

**解答** エ：①　オ：①

**解説** パリティビットを含め、一つのビットの誤りは判定可能であるが、どのビットが誤りかの判断はできないことが特徴です。「7A」を二進数にすると「01111010」であり、1の数は5つであるため、最後にパリティビット1を追加します。このため、「011110101」が送信するデータとなります。

　データのデジタル化は日常生活のあらゆる場面で使われています。「標本化」や「サンプリング」といった概念は、アナログデータをデジタルに変換する基本的なプロセスです。例えば、音をデジタル化する場合、音波発生源からのアナログ信号を一定間隔で「サンプリング」し、標本点を得ます。このサンプリングには「サンプリング周波数」や「サンプリング周期」が関わってきます。サンプリング周波数は、1秒間に何回サンプリングするかを示し、これによって音質が左右されます。

　次に、「量子化ビット数」という概念も重要です。これは、サンプリングされたアナログ信号をどれだけ細かくデジタル化するかを決定する要素です。量子化が細かいほどデータは正確に表現されますが、同時にデータ量が増えるという「トレードオフ」が存在します。データの「符号化」もデジタル化の重要な段階です。この符号化を行う方式の一つが「PCM方式（パルス符号変調方式）」であり、音の「振幅」や「周波数」をデジタル信号に変換します。

　音のデジタル化だけでなく、画像や動画のデジタル化も同じように標本化が関わっています。例えば、画像データでは「画素（ピクセル）」が基本的な単位となり、1つ1つの画素が色や明るさの情報を持っています。ピクセルが細かいほど「解像度」が高くなり、より精細な画像を表示できます。色の階調は「グラデーション」で表され、「加法混色」や「減法混色」といった概念が使われます。また、画像データには「ラスタデータ（ビットマップデータ）」と「ベクタデータ（ベクトルデータ）」の2種類があります。ラスタデータは画素ごとに情報を持つのに対し、ベクタデータは数式で画像を表現するため、拡大しても「ジャギー」（ギザギザ）が発生しないという特徴があります。

動画に関しては、「残像効果」を利用することで動きを表現しています。動画は、連続する「フレーム」で構成されており、これが1秒間に何回表示されるかが「フレームレート」として定義されます。フレームレートが高いほど、滑らかな動きが表現されます。

　デジタルデータは容量が大きくなることが多いため、「圧縮」が必要です。圧縮には「可逆圧縮」と「非可逆圧縮」があり、可逆圧縮ではデータの完全な再現が可能ですが、非可逆圧縮では一部の情報が失われます。音声の圧縮形式として「MP3」、画像では「JPG」がよく使われます。ファイル全体を圧縮する形式には「ZIP」があり、これらはデータを扱う上で非常に一般的です。

　圧縮の手法としては「ランレングス法」や「ハフマン法」があります。「ランレングス法」は、連続する同じデータを短く表現する方法であり、「ハフマン法」はデータの出現頻度に基づいて符号を割り当て、効率的に圧縮します。これらの符号には、「可変調符号」や「固定調符号」といった種類があり、適切な符号化を行うことでデータの効率化が図られます。

　最後に、データの識別や認証には「バーコード」や「QRコード」が広く使われています。バーコードは「1次元コード」で、QRコードは「2次元コード」です。QRコードには、データを正確に読み取るための「ファインダパターン」や「アライメントパターン」といった要素が含まれています。これにより、読み取り精度が向上し、正確に情報を取得することができます。

# 2-11 音のデジタル化

**0174** アナログ信号を一定間隔で測定し、デジタルデータに変換する過程を ☐ といいます。

標本化

**0175** アナログ信号を一定間隔で測定し、デジタル信号に変換することを ☐ といいます。

サンプリング

**0176** サンプリングによって得られた各データ点を ☐ といいます。

標本点

**0177** サンプリングを行う際の1秒間あたりの測定回数を ☐ または ☐ といいます。

サンプリング周波数または標本化周波数

**0178** サンプリングを行う際の測定の間隔を ☐ といいます。

サンプリング周期

**0179** デジタル化された信号を一定の精度で表現するために用いるビット数を ☐ といいます。

量子化ビット数

**0180** アナログ信号をデジタル化する際に生じる誤差を ☐ といいます。

量子化誤差

**0181** 量子化された値を、デジタル・コード（0と1の組み合わせ）に変換する過程を ☐ または ☐ といいます。

符号化またはコード化

動画に関しては、「残像効果」を利用することで動きを表現しています。動画は、連続する「フレーム」で構成されており、これが1秒間に何回表示されるかが「フレームレート」として定義されます。フレームレートが高いほど、滑らかな動きが表現されます。

　デジタルデータは容量が大きくなることが多いため、「圧縮」が必要です。圧縮には「可逆圧縮」と「非可逆圧縮」があり、可逆圧縮ではデータの完全な再現が可能ですが、非可逆圧縮では一部の情報が失われます。音声の圧縮形式として「MP3」、画像では「JPG」がよく使われます。ファイル全体を圧縮する形式には「ZIP」があり、これらはデータを扱う上で非常に一般的です。

　圧縮の手法としては「ランレングス法」や「ハフマン法」があります。「ランレングス法」は、連続する同じデータを短く表現する方法であり、「ハフマン法」はデータの出現頻度に基づいて符号を割り当て、効率的に圧縮します。これらの符号には、「可変調符号」や「固定調符号」といった種類があり、適切な符号化を行うことでデータの効率化が図られます。

　最後に、データの識別や認証には「バーコード」や「QRコード」が広く使われています。バーコードは「1次元コード」で、QRコードは「2次元コード」です。QRコードには、データを正確に読み取るための「ファインダパターン」や「アライメントパターン」といった要素が含まれています。これにより、読み取り精度が向上し、正確に情報を取得することができます。

# 2-11 音のデジタル化

**0174**
アナログ信号を一定間隔で測定し、デジタルデータに変換する過程を[　　　]といいます。

標本化

**0175**
アナログ信号を一定間隔で測定し、デジタル信号に変換することを[　　　]といいます。

サンプリング

**0176**
サンプリングによって得られた各データ点を[　　　]といいます。

標本点

**0177**
サンプリングを行う際の1秒間あたりの測定回数を[　　　]または[　　　]といいます。

サンプリング周波数または標本化周波数

**0178**
サンプリングを行う際の測定の間隔を[　　　]といいます。

サンプリング周期

**0179**
デジタル化された信号を一定の精度で表現するために用いるビット数を[　　　]といいます。

量子化ビット数

**0180**
アナログ信号をデジタル化する際に生じる誤差を[　　　]といいます。

量子化誤差

**0181**
量子化された値を、デジタル・コード（0と1の組み合わせ）に変換する過程を[　　　]または[　　　]といいます。

符号化またはコード化

**25.** 問2 次の文章を読み、空欄［ シ ］・［ スセ ］、［ テト ］・［ ナニ ］に当てはまる数字をマークせよ。また、空欄［ ソ ］～［ ツ ］、［ ヌ ］に入れるのに最も適当なものを、次ページのそれぞれの解答群のうちから一つずつ選べ。

アナログの信号波形をディジタル変換する方法について考える。電気信号の波形の例を図1に示す。横軸は時刻、軸（左）は電圧を表している。量子化のために0～3の整数の段階値を設定してあり、縦軸（右）は段階値を表している。図1には、標本化と量子化をした結果も示している。標本は白丸で、段階値は棒グラフで表している。標本化周期は0.01秒であり、標本の電圧$V$が$j-0.5 \leq V < j+0.5$なら段階値$j$を割り当てている。図1の場合、時刻0.02秒における標本標本の電圧を量子化した結果の段階値は［ シ ］である。

段階値は最終的に2進法で表す。ただし設定した段階値すべてを表現できる最少のビット数を量子化ビット数とし、段階値自体は量子化ビット数を桁数とする固定長で表す。

図1の場合、段階値は0～3の数なので量子化ビット数は2となり、時刻0.02秒における段階値は2進法で［ スセ ］と表される。

図2では、信号波形は図1と同じで、単位時間当たりの標本の数を図1の場合の2倍に設定し、また、量子化の段階の数も2倍にし、縦軸（右）のように0～7の整数の段階値を設定した。標本化だけをする場合、図2の設定では［ ソ ］を読み取れるが図1の設定では［ ソ ］を読み取れない。また、標本化と量子化をする場合、図2の設定では［ ソ ］と［ タ ］を読み取れるが、図1の設定は［ ソ ］も［ タ ］も読み取れない。

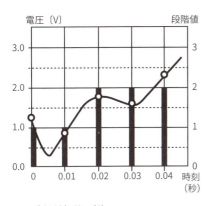

図1 信号波形の例

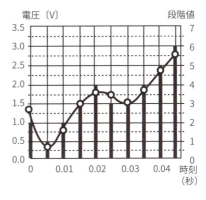

図2 標本の数と量子化の段階の数を変更したグラフ

一般に、元の標本化周期を$T$とするとき、単位時間当たりの標本の数を2倍にすると標本化周期は［　チ　］になる。また、元の量子化ビット数を$n$とするとき、量子化の段階の数を2倍にすると量子化ビット数は［　ツ　］になる。

　次に、1秒間の信号波形をディジタル変換したときのデータ量について考える。標本化周期を1万分の1秒、量子化のための段階値を0〜4095の整数にすると、量子化ビット数は［　テト　］であり、データ量は［　テト　］万ビットとなる。また、標本化周期を4万分の1秒、量子化のための段階値を0〜32767の整数にすると、データ量は［　ナニ　］万ビットとなる。単位時間当たりの標本の数を増やしたり、量子化の段階の数を増やしたり、あるいは両方増やしたりすることで、より元の信号波形に近い信号波形を復元できるディジタルデータを得られるが、同一のデータ量で表現できる時間は［　ヌ　］。

─［　ソ　］・［　タ　］の解答群────────────────
⓪　時刻0秒と時刻0.01秒の間で電圧がいったん下がった後、上がっていること
①　時刻0秒の電圧より時刻0.01秒の電圧の方が低いこと
②　時刻0.02秒の電圧より時刻0.03秒の電圧の方が低いこと
③　時刻0.01秒の電圧より時刻0.02秒の電圧の方が高いこと


─［　チ　］の解答群──────────────────────

⓪　$2T$　①　$T/2$　②　$T^2$　③　$\sqrt{T}$　④　$T+1$　⑤　$T-1$

─［　ツ　］の解答群──────────────────────

⓪　$2n$　①　$n/2$　②　$n^2$　③　$\sqrt{n}$　④　$n+1$　⑤　$n-1$

─［　ヌ　］の解答群──────────────────────

⓪　長くなる　①　変わらない　②　短くなる


【センター試験「情報関係基礎」2018】

## 過去問

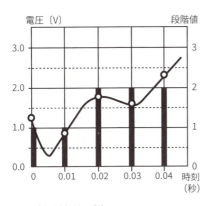

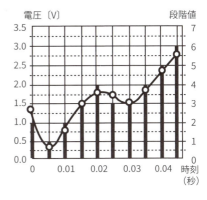

---

[　ヌ　]の解答群

**解答** シ：② ス：① セ：⓪ ソ：⓪
タ：② チ：① ツ：④ テ：① ト：②
ナ：⑥ ニ：⓪ ヌ：②

**解説** 本問題はアナログ信号をディジタル変換する方法についてです。図1の場合、0.02秒の信号波形を見ると、電圧を量子化した結果の段階値は「2」であることがわかります。これを2進数で表すと「10」となります。

次に、図2のように単位時間当たりの標本の数を2倍にすると、より細かく信号波形を表すことができ、図1とは違ったディジタル値が見えることがあります。今回の例では、標本化した場合の図1と図2を比べると、図1は0秒で1.0V、0.01で1.0Vとなっており、図2では、0秒で1.0V、0.05秒で0.5V、0.01秒で1.0Vとなっています。このため、図2では0秒から0.01秒の間でいったん下がって、上がっていることがわかりますが、図1ではその判断ができないことがわかります。

同様に、量子化した値を図1と図2で比べると、図1では、0.02秒では2.0V、0.03秒では2.0Vであり、同じ段階値になります。

しかし、図2では、0.02秒では2.0V、0.03秒では1.5Vであり、段階値が異なるため、標本の数を増やすことにより、より正確なディジタル値を算出できます。

これらのことを踏まえ、もとの標本化周期を$T$とすると、標本を2倍にしたとき、決まった時間を2倍分細かく分割することから、標本化周期は$T/2$になります。

また、もとの量子化ビット数を$n$とすると、量子化の段階の数を2倍にした場合、量子化ビット数は、2進数で2倍の数を表す必要があるため、$n+1$のビットが必要となります。

データ量について考えると、0～4095の整数を表すためには、$2^{12}=4096$から量子化ビット数は12になり、12ビット×10000＝12万ビットのデータ量となります。同様に、0～32767の整数を表すためには、$2^{15}=32768$から量子化ビット数は15となり、15ビット×40000＝60万ビットのデータ量となります。

これらのように、標本数や量子化の段階数を増やすことにより、より元の信号波形に近い波形が得られますが、その分データ量が増加することから、同一のデータ量で表現できる時間は短くなるという欠点があります。

| | | |
|---|---|---|
| 0182 | 何かを得ると、代わりに別の何かを失うことを [　　] といいます。 | トレードオフ |
| 0183 | 音の出力を表す際の、異なる音源の数を [　　] といいます。 | チャンネル |
| 0184 | 一つのチャンネルで音声を再生する方式を [　　] といいます。 | モノラル |
| 0185 | 二つのチャンネルで音声を再生する方式を [　　] といいます。 | ステレオ |
| 0186 | 音声信号をパルスの列で表現する方式を [　　] または [　　] といいます。 | PCM方式または パルス符号変調 方式 |
| 0187 | 音の強さを示す量の一つに [　　] があります。この振れ幅が大きいほど、音が大きく聞こえます。 | 振幅 |
| 0188 | 一秒間に発生する波の回数を示す量を [　　] といいます。 | 周波数 |

過 去 問 ▶

**26.** 問1 次の文章（a～c）を読み、空欄［　ア　］～［　キ　］に入れるのに最も適当なものを、後の解答群のうちから一つずつ選べ。

ただし、空欄［　カ　］・［　キ　］の解答の順序は問わない。

a　モノラル音声（音声1チャンネル分）を標本化し、16ビットで量子化する。一つの標本点を量子化するとデータ量は［　ア　］バイトであり、サンプリング周波数を48000Hzとして30秒間録音すると、データ量は［　イ　］バイトになる。ただし、データ圧縮はしないものとする。

```
┌─［　ア　］の解答群 ──────────────────────
  ⓪  2    ①  22   ②  24   ③  28   ④  216   ⑤  232
└──────────────────────────────────────
```

```
┌─［　イ　］の解答群 ──────────────────────
  ⓪  0.625    ①  1.6      ②  48000      ③  96000
  ④  2880000  ⑤  5760000  ⑥  11520000000
└──────────────────────────────────────
```

【共通テスト2022　情報関係基礎　追試験】

**解答** ア：⓪　イ：④

**解説** モノラル音声をデジタル音声にするために、標本化を行い16ビットで量子化した場合を考えます。1つの標本点を量子化する場合、16ビットつまり2バイトとなります。さらに、48000Hzとして30秒間録音する場合、1秒間に48000回のデータを録音します。これを30秒間行うため、48000 × 30 ＝ 1440000回のデータを録音することになります。量子化ビット数は16ビットつまり2バイトなので、1440000 × 2 ＝ 2880000バイトの容量になることがわかります。したがって、イの解答は「④2880000」となります。

## 2-12 画像のデジタル化

**0189** 画面上の最小単位の点を [　　　] または [　　　] といいます。

画素またはピクセル

**0190** 画像の細部を表現するために使用される最小単位の点を [　　　] といいます。

ピクセル（画素）

**0191** ディスプレイや印刷物の画像を構成する点のことを [　　　] といいます。

ドット

**0192** 画像の細かさや詳細さを示す指標を [　　　] といいます。

解像度

**0193** 画像の色や明るさの変化を滑らかに表現する技術を [　　　] または [　　　] といいます。

階調またはグラデーション

**0194** 光の三原色（赤、緑、青）を混ぜて色を表現する方法を [　　　] といいます。

加法混色

**0195** 色の三原色（シアン、マゼンタ、イエロー）を使って色を表現する方法を [　　　] といいます。

減法混色

**0196** ピクセルの集合体として画像を表現するデータ形式を [　　　] または [　　　] といいます。

ビットマップ形式または
ラスタ形式

過　去　問 ▷

**27.** 問2　次の文章を読み、後の問に応えよ。

a　音のディジタル表現には (A) 時間単位で波形を標本化し、量子化および符号化する方法と、音の高さ、長さ、音色などを数値化する方法がある。
図画のディジタル表現には (B) 画素単位で色の情報を標本化し、量子化および符号化する方法と (C) 画像を構成する要素の形状、座標、色、大きさなどの情報で表現する方法がある。

(1) 下線部 (A)～(C) に最も関係が深いものを、後の解答群から一つずつ選べ。

(A)：[　ク　]　(B)：[　ケ　]　(C)：[　コ　]

┌─[　ク　]～[　コ　] の解答群 ─────────────
│ ⓪　BMP　　　　　　　　① CSV　　　② 音楽CD
│ ③　ベクター（ベクトル）　④ CSS　　　⑤ MIDI
└────────────────────────────

(2) 下線部 (B)・(C) により表現されたデータの特徴を比較した説明として最も適当なものを、次の⓪～③のうちから一つ選べ。[　サ　]

⓪　夕焼けの風景を撮影して保存する場合には (B) よりも (C) の方が適している。
①　(C) と異なり (B) は画質劣化を伴う圧縮方式を利用しない。
②　(C) と比較して (B) は解像度が高くなってもデータ量が増加しにくい
③　画像を拡大した場合には (C) と異なり (B) はシャギー（ギザギザ）が表示されることがある。

【共通テスト2023　情報関係基礎　追試験】

**解答**　ク：②　ケ：⓪　コ：③　サ：③

**解説**　音の標本化、量子化、符号化を行っている方法を利用したものとして、音楽CD、WAVファイルなどがあります。なお、音の高さ、長さ、音色を数値化するものとしてMIDIなどがあります。さらに画素単位で標本化、量子化、符号化を行う方法としてBMPなどがあり、画像を構成する要素の形状、座標、色、大きさなどの情報を利用するベクタがあります。この2つの違いとしては、拡大した際にジャギー（ギザギザ）が表示されるか否かという点です。

**0197** 数学的な方程式やベクトルで画像を表現するデータ形式を[ ]といいます。

ベクタ形式

**0198** デジタル画像でエッジがギザギザに見える現象を[ ]といいます。

ジャギー

# 2-13 動画のデジタル化

**0199** 高速で連続する画像が表示されることで、動きを感じる現象を[ ]といいます。

残像効果

**0200** 静止画像の連続として表示される映像を[ ]といいます。

動画

**0201** 動画を構成する一枚一枚の静止画像を[ ]といいます。

フレーム

**0202** 一秒間に表示されるフレームの数を[ ]といいます。

フレームレート

## 過去問

**28.** 問2 次の記述a・bの空欄［　ソ　］〜［　チ　］に入れるのに最も適当なものを、下のそれぞれの解答群のうちから一つずつ選べ。

a　ラスタ（ビットマップ）形式の画像では、図1のように、拡大するとジャギー（ギザギザ）ができることがある。その理由は、画像を［　ソ　］表現するためである。一方、ベクタ（ベクトル）形式の画像では、ジャギーはできない。その理由は、画像を［　タ　］表現するためである。

```
［　ソ　］・［　タ　］の解答群
⓪ 座標や数式を使って　　① 光の三原色を使って
② アナログ方式で　　　　③ ディジタル方式で
④ 高解像度で　　　　　　⑤ 画素（点）の集まりとして
```

図1　ジャギー

【共通テスト2021　情報関係基礎】

**解答**　ソ：⑤　タ：⓪

**解説**　ラスタ（ビットマップ）形式とベクタ（ベクトル）形式に関する問題です。ラスタ形式とは、BMPで表される形式であり、画素単位で標本化、量子化、符号化を行うことによって画像をデジタル表現する方法です。これは、画素の集まりとして表現するため、画像の拡大を行うとジャギーというギザギザの部分ができることがあるという欠点があります。一方で、ベクタ形式とは、画像を構成する要素の形状、座標、色、大きさなどの情報を利用し、数式などを用いて画像をデジタル表現する方法です。数式や座標を利用しているため、ラスタ形式のように拡大してもジャギーは出現しないという特徴があります。

# 2-14 データの圧縮

**0203** データの容量を小さくすることを◻️といいます。

圧縮

**0204** 圧縮されたデータが元のデータと比較してどれだけ小さくなったかを示す割合を◻️といいます。

圧縮率

**0205** 圧縮されたデータを元の状態に戻すことを◻️または◻️といいます。

展開または伸張

**0206** 圧縮前と圧縮後のデータが完全に一致する圧縮方法を◻️といいます。

可逆圧縮

**0207** データを圧縮前の状態に完全には戻せない圧縮方法を◻️といいます。

非可逆圧縮

**0208** 音声データの圧縮形式の一つで、ほとんどのデバイスで再生でき、最も広く普及しているファイル形式は◻️です。

MP3

**0209** 画像データの圧縮形式の一つで、非可逆圧縮を用いる方法を◻️といいます。

JPG（JPEG）

**0210** 圧縮ファイル形式の一つで、複数のファイルをまとめて一つのファイルにする方法を◻️といいます。

ZIP

過 去 問 ▷

**29.** 問3 次の記述の空欄 [ サ ]〜[ セ ]、[ タ ]〜[ ツ ] に入れるのに最も適当なものを、次ページのそれぞれの解答群のうちから一つずつ選べ。また，空欄 [ ソ ] に当てはまる数字をマークせよ。ただし、[ タ ]・[ チ ] の解答の順序は問わない。

Sさんは、情報をディジタル化することで加工が容易になったり、圧縮できたりすることを学んだ。圧縮に興味を持ったSさんは、圧縮に関する用語や種類などについて調べた。

・圧縮したデータは通常、[ サ ] して利用する。圧縮前のデータと [ サ ] 後のデータとで違いが生じる圧縮方式を [ シ ] という。この方式を利用した圧縮は、一般に [ ス ]。
・圧縮によってデータの大きさがどの程度変化したかを表す指標として、圧縮比が次の式で定義されていた。

$$\text{圧縮比} = \frac{\text{圧縮後のデータ量}}{\text{圧縮前のデータ量}}$$

この定義に従えば、[ セ ]。

さらに、Sさんは白黒画像を文字列で表現し、それを圧縮することを考えた。

まず、画像の左上から横方向に画像を読み取り、読み取った画像が黒色であれば「黒」、白色であれば「白」と表記することにした。右端の画素まで到達したら、次の行の左端の画素から再び読み取りを始め、これを最後の画素まで繰り返す。ただし、画像の縦と横の画素数は、事前に分かっているものとする。

例えば、3×3の画素からなる図1は「黒黒黒白黒黒黒黒白」という文字列で表現する。

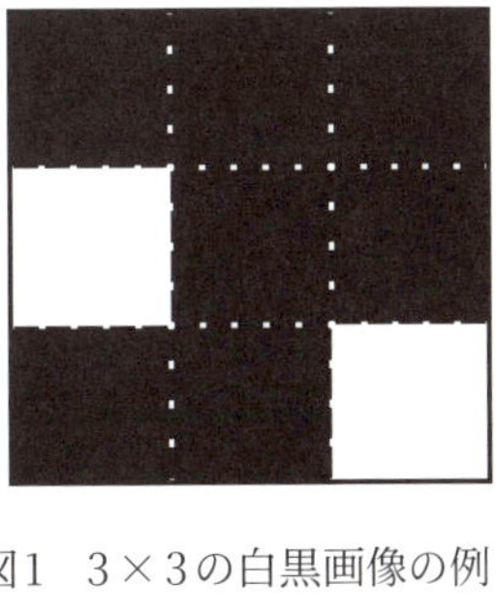

図1　3×3の白黒画像の例

次にSさんは「黒黒黒」のように同じ文字が3つ以上並んでいる場合に、「黒3」のように色を表す文字に並んでいる数を付け加えて表記することで、文字列の文字数を減らすことにした。図1をこの方法で圧縮すると、「黒3白黒4白」となるので3文字短くなり、「黒黒黒黒黒白白白黒黒黒白黒黒黒」を圧縮すると［　ソ　］文字短くなる。

　一方、［　タ　］や［　チ　］のような画像は、この方法で文字数を減らすことができない。また、解答群にある4つの画像の中では、［　ツ　］が最も圧縮比が小さくなる。

---
［ サ ］・［ シ ］の解答群
---
⓪　無圧縮　　　①　可逆圧縮　　　②　差分圧縮　　　③　非可逆圧縮

④　複製　　　　⑤　再圧縮　　　　⑥　暗号化　　　　⑦　伸長（展開）

---
［ ス ］の解答群
---
⓪　圧縮によって画質を向上させたいデータに利用される

①　機密性の高い重要なデータを圧縮に利用される

②　アプリケーションソフトウェアを圧縮するために利用される

③　圧縮前のデータとの違いを人間が識別しにくいものに利用される

---
［ セ ］の解答群
---
⓪　データが違っても同じアルゴリズムで圧縮すれば圧縮比は等しい

①　データが違っても圧縮比が等しければ圧縮後のデータ量は等しい

②　圧縮比が小さいほど圧縮に必要な時間が短い

③　圧縮前に比べ圧縮後のデータ量が少ないほど圧縮比が小さい

---
［ タ ］～［ ツ ］の解答群
---

【共通テスト2021　情報関係基礎】

**解答** サ：⑦　シ：③　ス：③　セ：③　ソ：⑦
タ：①　チ：③（タ、チは順不同）　ツ：②

**解説** 本問は、圧縮率やランレングス圧縮に関する問題です。情報をデジタル化したデータの容量を小さくすることにより、転送しやすくするために行う操作を圧縮といいます。なお、圧縮をしたものを元に戻す操作を「伸張（展開）」と言います。

この圧縮において、圧縮前のデータと展開後のデータとで違いが生じる圧縮方式を「非可逆圧縮」といい、圧縮前のデータと圧縮後のデータとで違いが生じない圧縮方式を「可逆圧縮」といいます。非可逆圧縮は画像のような圧縮前のデータとの違いを人間が識別しにくいものに利用され、可逆圧縮は、機密性の高い重要なデータの圧縮に利用されます。このような圧縮を行うことにより、どの程度データが小さくなったかを表す指標として圧縮比というものが以下の式で表されます。

$$圧縮比 = \frac{圧縮後のデータ量}{圧縮前のデータ量}$$

この定義によると、圧縮前に比べ圧縮後のデータ量が小さいほど圧縮比が小さいといえます。

次に、図1にある画像を圧縮する場合を考えます。問題にもあるように図1を圧縮すると「黒黒黒白黒黒黒白」という文字が「黒3白黒4白」に圧縮され、9文字が6文字になっていることから3文字短くなります。同様にして、「黒黒黒黒黒黒白白白黒黒黒白黒黒黒」は「黒6白3黒3白黒3」となり、16文字が9文字になっていることから7文字短くなります。このルールで圧縮を行うと、色が連続していればいるほど文字が短くなり圧縮比が小さくなると考えられます。このため、白と黒の色が3つ以上連続していないデータではこの圧縮は効果がなく圧縮ができません。

これらのことから考えると、問題文にある①の画像や③の画像では3つ以上同じ色が連続していないため、文字を減らすことができないといえます。また、連続しているデータが多ければ多いほど圧縮比が小さくなっていくため、最も圧縮比が小さくなる画像は②と言えます。

2

情報デザイン

81

| 0211 | 繰り返しが多いデータを効率的に圧縮する方法を□といいます。 | ランレングス法 |
|---|---|---|
| 0212 | 文字の出現頻度に基づいて効率的にデータを圧縮する方法を□といいます。 | ハフマン符号化 |
| 0213 | 文字やデータの長さに応じて異なる長さの符号を使用する方法を□といいます。 | 可変長符号化 |
| 0214 | 文字やデータの長さに関わらず一定の長さの符号を使用する方法を□といいます。 | 固定長符号化 |
| 0215 | 商品の識別や情報の管理に使用される、線の太さや間隔でデータを表現するコードを□といいます。 | バーコード |
| 0216 | 一列に並んだ線の太さや間隔で情報を表現するバーコードを□といいます。 | 1次元コード |
| 0217 | 縦横に情報を持ち、二次元でデータを表現するコードを□といいます。 | 2次元コード |
| 0218 | 2次元コードのうち、特に普及しているものを□といいます。 | QRコード |

## 過去問

**30.** 問1 次の記述の空欄 [ ア ]～[ エ ] に入れるのに最も適当なものを、次ページのそれぞれの解答群のうちから一つずつ選べ。ただし、[ イ ]・[ ウ ] の解答の順序は問わない。

a あるコンビニエンスストアでは、レジ（レジスタ）担当者が、客が購入しようとしている商品に付いている図1のような [ ア ] を機械で読み取っている。

[ ア ] には、商品を識別する番号（商品ID）に相当する文字列が記録されており、商品IDにより対応する商品の名称や価格を検索し、合計金額の計算などに用いられる。

図1 ある商品のパッケージに印刷されている縦縞模様

店舗のコンピュータなどに格納された [ イ ] や「 ウ 」の情報は、ネットワークを通じて本部に送信され、商品発注や販売動向分析に活用される。このような店舗の情報を統合的に管理する情報システムは、一般的に [ エ ] システムと呼ばれる。

[ ア ]～[ エ ] の解答群
⓪ Unicode（ユニコード）　① バーコード　② ASCII（アスキー）
③ JISコード　④ OSI　⑤ RFID　⑥ POS
⑦ セキュリティ　⑧ 在庫　⑨ 勤務状況　ⓐ 売上
ⓑ 肖像権　ⓒ 商標権　ⓓ 特許権

【センター試験2020　情報関係基礎】

**解答** ア：①　イ：⑧　ウ：ⓐ（イとウは順不同）　エ：⑥

**解説** コンビニエンスストアやスーパーなどの店舗で販売される商品には図1のような「バーコード」がついており、機械で読み取っています。これを用いることにより、売上や在庫の管理を行うことができます。このようなシステムを「POSシステム」といいます。

| 0219 | QRコードの位置を特定するためのパターンを ☐ と いいます。 | ファインダパターン |
|------|------|------|
| 0220 | QRコードの形の歪みを修正するためのパターンを ☐ といいます。 | アライメントパターン |

## 2-15 情報デザイン

| 0221 | 情報の伝達手段を ☐ といいます。 | 通信 |
|------|------|------|
| 0222 | 視覚に訴える情報を図やグラフで表現する技術を ☐ といいます。 | インフォグラフィックス |
| 0223 | 情報を効果的に伝え、理解を促すためのデザインを ☐ といいます。 | 情報デザイン |
| 0224 | 非常口によくあるサインのような、情報を単純なイラストで表現したものを ☐ といいます。 | ピクトグラム |
| 0225 | 情報を目的に応じて整理し、単純化する過程を ☐ といいます。 | 抽象化 |
| 0226 | 情報を階層的に整理して構造を明確にすることを ☐ といいます。 | 構造化 |

過 去 問 ▶

**31.** d あるコンビニエンスストアでは、次の図2のような2次元コードをリーダに読み取らせて支払いを行うことができる。2次元コードは、一部が汚れて欠けていても正しく読み取ることができる。これは［ キ ］ためである。

このコンビニエンスストアでは、支払い手段として非接触型ICカードを利用することもできる。非接触型ICカードは、ICチップに記録されたデータを電波で読み書きできる方式であり、［ ク ］という利点がある。

図2　2次元コードの例

［ キ ］の解答群
- ⓪ コードの読み取りに機械学習による推論が利用されている
- ① コードに誤りを訂正するための情報が付加されている
- ② コードの隅にある三つのマークで常に正しい向きが検出される
- ③ コードの読み取り用カメラに汚れを透過する機能が備わっている

［ ク ］の解答群
- ⓪ 複数のカードを同時に利用して支払いを行うことができる
- ① カードリーダにカードをかざすだけで支払いを行うことができる
- ② 店内のどこにいても支払いを行うことができる
- ③ スキミングが容易である

【共通テスト2022　情報関係基礎】

**解答** キ：① ク：①

**解説** 本問は2次元コードに関する問題です。2次元コードはコンビニエンスストアやスーパーなどの支払いの際に利用されることがあります。2次元コードは一部が欠けているなど読み取れない場合でも、誤りを訂正する情報が含まれているため正しく読み取ることが可能です。また、非接触型ICカードに関しては、カードリーダにカードをかざすだけで利用が可能という利点があります。

　情報科学の世界では、データや情報を効果的に伝えるための「通信」手段が多く使われます。情報の発信者と受信者が意思疎通するためには、情報をわかりやすく伝える工夫である「情報デザイン」が重要な役割を果たしています。例えば、「ピクトグラム（案内用図記号）」は、一目でわかるようにデザインされた抽象的な図記号で、空港や駅などの公共施設でよく見かけます。これらは、情報を「抽象化」して「構造化」することによって、誰でも理解しやすい形にまとめられています。視覚的に理解しやすく表現する「インフォグラフィックス」も有名です。こうした情報の「可視化」手法を活用することで、コミュニケーションが円滑に行われます。

　さらに、情報デザインの分野では「ユニバーサルデザイン（UD）」や「バリアフリー」といった概念が重視されています。これは、すべての人が使いやすいデザインを目指すもので、視覚に障害がある人でも見分けやすい「カラーユニバーサルデザイン（CUD）」などがあります。また、製品やシステムの設計時には「ユーザビリティ」や「アクセシビリティ」も考慮され、誰でも簡単に使えることが求められます。そのため、「ユーザインターフェース（UI）」や「ユーザエクスペリエンス（UX）」の向上が重要となります。

　UIには、文字中心の「CUI（キャラクタユーザインタフェース）」と、視覚的で直感的な「GUI（グラフィカルユーザインタフェース）」があります。現在では、タッチパネルなど直感的に操作できる「NUI（ナチュラルユーザインタフェース）」も普及しています。
　また設計時には、ユーザーが誤操作をしても大きな問題につながらないよう、「フェイルセーフ」や「フールプルーフ」といった仕組みも組み込まれています。

**過去問**

次に、コンピュータの「プログラム」がどのように実行されるかを見ていきます。コンピュータは「5大装置」と呼ばれるハードウェア構成を持っています。これには「入力装置」「出力装置」「記憶装置」「演算装置」「制御装置」が含まれます。これらの装置を統括するのが「CPU（中央処理装置）」で、データの処理や制御を行います。CPUは「クロック信号」というタイミング信号を基に動作し、その「クロック周波数」（単位はHz）が高いほど、高速にデータを処理できます。

　コンピュータ内部では、「メインメモリ（記憶装置）」がデータを一時的に保存し、処理の際に「レジスタ」や「アドレス」を使って情報を読み書きします。一方で、長期的なデータ保存には「補助記憶装置（ストレージ）」が使われ、これには「ハードディスク」や「SSD」が含まれます。SSDはハードディスクに比べて「アクセス速度」が速いのが特徴です。こうした記憶装置は、データの保存と読み出しに関わる基本的なハードウェアです。

　コンピュータには「周辺装置（周辺機器）」も接続されています。これらの装置は「インタフェース」を介して接続され、一般的な例として「USB」などが挙げられます。周辺装置は、キーボードやマウスのような入力機器、プリンターのような出力機器、そして外部ストレージなど、さまざまなデバイスが含まれます。

　これらのハードウェアを動かすためには「基本ソフトウェア（OS）」が必要です。OSは、コンピュータ全体を管理する役割を持ち、アプリケーションソフトウェア（応用ソフトウェア）がその上で動作します。OSは、ファイルやフォルダ（ディレクトリ）を管理し、ユーザーが効率的にデータを扱えるようにサポートしています。フォルダは、データを整理するための入れ物で、ファイルはその中に保存される個々のデータです。

**0227** 作業の流れや数値情報を図表を使って表現する手法を□といいます。

ダイヤグラム

**0228** データや情報を視覚的に表現して理解しやすくすることを□といいます。

可視化

**0229** アートが感性や美的価値を重視するのに対し、情報デザインは情報の伝達や理解を重視します。この違いを理解するために、アートと□の違いを学びます。

情報デザイン

## 2-16 ユニバーサルデザイン・UX

**0230** すべての人が利用しやすいように設計されたデザインを□または□といいます。

ユニバーサルデザインまたはUD

**0231** 障害者や高齢者が利用しやすいように、物理的なバリアを取り除く設計を□といいます。

バリアフリー

**0232** 製品やサービスがどれだけ使いやすいかを示す指標を□といいます。

ユーザビリティ

**0233** 障害の有無に関わらず、幅広い人々が「使える」かどうかの度合いのことを□といいます。

アクセシビリティ

**0234** 色覚に配慮して設計されたデザインを□または□といいます。

カラーユニバーサルデザインまたはCUD

過去問▶

**32.** c 注意や情報をひと目で理解できるように示すため、次の図1のようなピクトグラムが用いられている。ピクトグラムは［　エ　］ため、特定の言語に依存しない情報伝達が可能となる。ピクトグラムには、日本の産業製品生産に関する規格である［　オ　］で制定された図記号に含まれるものもある。ピクトグラムに関してこのような制定を行うことには、［　カ　］という利点がある。

図1　ピクトグラムの例

2
情報デザイン

```
┌─［　エ　］の解答群 ──────────────────────
│  ⓪　絵で情報を伝える      ①　著作権が放棄されている
│  ②　音声で情報を伝える    ③　表意文字を元に作られている
└────────────────────────────────────
```

```
┌─［　オ　］の解答群 ──────────────────────
│  ⓪　ASCII   ①　IEEE   ②　JIS   ③　Unicode
└────────────────────────────────────
```

```
┌─［　カ　］の解答群 ──────────────────────
│  ⓪　同じ意味を表す異なるピクトグラムの乱立を防ぐことができる
│  ①　ピクトグラムを誰もが自由に改変できるようになる
│  ②　ピクトグラムの解釈に多様性が生まれる
│  ③　日本の産業製品生産に関する規格の信頼性が増す
└────────────────────────────────────
```

【共通テスト2022　情報関係基礎】

**解答**　エ：⓪　オ：②　カ：⓪

**解説**　情報の可視化の1つとしてピクトグラムがあります。ピクトグラムは絵を用いて情報を伝える手段です。これによって言語に関係なく情報を伝えることが可能になります。また、ピクトグラムは日本産業企画（JIS）で制定されているものもあり、同じ意味を表す異なるピクトグラムの乱立を防いでいます。

89

| | | |
|---|---|---|
| 0235 | ユーザーとシステムのやり取りを行うインターフェース を ☐ または ☐ といいます。 | ユーザインター フェースまたは UI |
| 0236 | ユーザーが製品やサービスを使用する際に得られる体験 全体を ☐ または ☐ といいます。 | ユーザエクスペ リエンスまたは UX |
| 0237 | グラフィカルユーザインターフェースを意味する ☐ を使用します。 | GUI |
| 0238 | ナチュラルユーザインターフェースを意味する ☐ を使用します。 | NUI |
| 0239 | デザインやインターフェースの中で、ユーザーが行動を 理解しやすくするための手がかりを ☐ といいます。 | シグニファイア |
| 0240 | システムに異常が起きた場合でも、被害を最小限に抑え る設計を ☐ といいます。 | フェイルセーフ |
| 0241 | ユーザーが間違った操作をしても、重大な結果を招かな いようにする設計を ☐ といいます。 | フールプルーフ |
| 0242 | 衝撃を受けたら止まる石油ストーブは ☐ を考慮し た設計です。 | フェイルセーフ |
| 0243 | 操作を行う際に、確認のメッセージが出ることは ☐ を考慮した設計です。 | フールプルーフ |

過 去 問 ▷

**33.** 問2　次の文章を読み、空欄の（　1　）から（　5　）に当てはまるものを以下の解答群より1つずつ選び、記号で答えなさい。

　　Webページやソフトウェアにおいて、ユーザとのやり取りを行う部分を（　1　）といい、その使いやすさを（　2　）という。障害者や高齢者など、心身の機能に制約のある人でも提供されている情報やサービスを問題なく利用できることを（　3　）といい、このような人達が支障なく生活できるよう建物や機器をつくり、生活上の障壁を取り除く工夫を（　4　）という。また、誰にでも使いやすくデザインすることを（　5　）という。

【解答群】

ア。ユニバーサルデザイン　イ。ユーザビリティ　ウ。ユーザインタフェース
エ。アクセシビリティ　　　オ。バリアフリー

【北海道情報大学　情報Ⅰサンプル問題】

**解答**　1：ウ　2：エ　3：イ　4：オ　5：ア

**解説**　まず、解答群の選択肢についてみていきます。ユニバーサルデザインとは、年齢、性別、文化、身体状態などさまざまな個性や違いに関わらず、最初から誰もが利用しやすく、暮らしやすい社会となるように様々なサービスを提供していこうとする考え方のことです。ユーザビリティとは、製品やシステムなどの使いやすさを表す言葉です。ユーザインタフェースとは、ユーザとコンピュータ間で情報のやり取りをする際に使用する機器やソフトウェアの操作画面や操作方法のことです。アクセシビリティとは、ユーザによる情報の取得しやすさ、操作しやすさを表す言葉です。バリアフリーとは、障壁となるものを取り除き、生活しやすくすることを意味します。これらのことを踏まえて問題を見ていくと、（1）は、ユーザとのやり取りを行う部分のことなので、「ユーザインタフェース」となります。（2）は、使いやすさを表す言葉なので、「アクセシビリティ」となります。（3）は、障害者や高齢者などでも問題なく情報やサービスを利用できることを表すので「ユーザビリティ」となります。（4）は、生活上の障壁を取り除く工夫であるため、「バリアフリー」となります。（5）は使いやすいデザインのことなので「ユニバーサルデザイン」となります。

2

情報デザイン

91

92

# 第3章

# コンピュータと
# プログラミング

# 藤原進之介の共通テスト解説

> ## プログラミングではこれが出題！ ▷

第3問　次の文章を読み、後の問い（問1〜3）に答えよ。

　Kさんが所属する工芸部では毎年、文化祭に向けた集中製作合宿を開催し、複数の工芸品を部員全員で分担して製作している。Kさんは今年、工芸品を製作する担当の割当て作業を行うことになった。

問1　次の文章を読み、空欄［　ア　］〜［　オ　］に当てはまる数字をマークせよ。

　表1は今年製作する各工芸品(1から順に番号を振る。)の製作日数である。製作日数は部員によって変わることはなく、例えば工芸品1の製作日数はどの部員が製作しても4日である。なお、一つの工芸品の製作は一人の部員が担当し、完了するまでその部員は他の工芸品の製作には取り掛からない。

表1　各工芸品の製作日数

| 工芸品 | 1 | 2 | 3 | 4 | 5 | 6 | 7 | 8 | 9 |
|---|---|---|---|---|---|---|---|---|---|
| 製作日数 | 4 | 1 | 3 | 1 | 3 | 4 | 2 | 4 | 3 |

　Kさんは図1の割当図を作成し、今年の工芸部の部員3名について、工芸品の番号順に割当てを決めていくことにした。

| 日付（日月） | 1 | 2 | 3 | 4 | 5 | 6 | 7 | 8 | 9 | 10 | … |
|---|---|---|---|---|---|---|---|---|---|---|---|
| 部員1 | | 1 | | | | | | | | | |
| 部員2 | 2 | 4 | | | | | | | | | |
| 部員3 | | 3 | | | | | | | | | |

図1　割当図（工芸品4まで）

　図1では、最上段に日付を合宿初日から順に1日目、2日目…と表して記載している。その下に各部員(1から順に番号を振る。)に割り当てた工芸品の番号を、その製作期間を表す矢印とともに記載している。例えば、工芸品4は部員［　ア　］が［　イ　］日目から1日間製作することが、図1から読み取れる。

【2025年度　共通テスト　情報I　第3問】

**解答** ア ②　イ ②

**解説** 問題中の図1では、矢印の上についている数字が「工芸品の番号」を表している。よって、この図では
- 工芸品1: 部員1が1〜4日目で製作
- 工芸品2: 部員2が1日目で製作
- 工芸品3: 部員3が1〜3日目で製作
- 工芸品4: 部員2が2日目で製作

ということを表している。

 共通テストでは **これ** が出る！

プログラミングの最初の問題は読解問題や資料読み取り問題であり、プログラミングそのものは関係ない場合も多い。後半の問題に備えて、「コンピュータに何を命令したいのだろうか？」と想像しながら読解しよう！

---

図1では工芸品4までが割り当てられており、部員1が5日目で割当てがない。このことを、部員1は5日目で**空き**であるという。
Kさんは各工芸品の担当と期間を割り当てていく際、次の規則を用いた。

> 最も早く空きになる部員（複数いる場合はそのうち最小の番号の部員）が、空きになった日付から次の工芸品を担当する。

Kさんは、工芸品5以降についても上の規則を用いて割り当て、各工芸品の担当と期間を一覧にした図2のような文面のメールを部員全員に送信した。

```
工芸品1　…　部員1　：　1日目〜4日目
工芸品2　…　部員2　：　1日目〜1日目
工芸品3　…　部員3　：　1日目〜3日目
工芸品4　…　部員[ア]：　[イ]日目〜[イ]日目
工芸品5　…　部員[ウ]：　[エ]日目〜[オ]日目
  〜〜〜〜〜〜〜〜〜〜〜〜〜〜〜〜〜〜〜〜〜
工芸品9　…　部員1　：　7日目〜9日目
```

図2　各工芸品の担当と期間を一覧にしたメールの文面

以上を手作業で作成するのが手間だと感じたKさんは、図2のような文面を自動的に表示するプログラムを作成しようと考えた。

**解答**　ウ　②　エ　③　オ　⑤

**解説**　問題中の図1を再度見ると、3日目には部員2が「空き」であるとわかる。逆に、それ以外の部員が「空き」になるのは4日目以降である
よって、最短で空きとなる部員2が工芸品5を3〜5日目で製作することになる。
（工芸品5の製作日数は表1に記載）

 共通テストでは これ が出る！

プログラミング問題を解く3ステップ

> 1　「何をやりたいか」を読み取る
> 2　コンピュータの「得意なこと」に落とし込む
> 3　最適な選択肢を絞り込む

今回の問題であれば、何番の工芸品を「誰に割り当てるか」を自動的に表示させるプログラムを作ろうとしていることがわかる。

---

問2　次の文章を読み。空欄［カ］、［ク］に当てはまる数字をマークせよ。また、空欄［　キ　］に入れるのに最も適当なものを、後の解答群のうちから一つ選べ。

　Kさんはまず、次の規則（再掲）に従い、いくつかの工芸品がすでに割り当てられた状況で、その次の工芸品の担当部員を表示するプログラムを作ることにした。

> 最も早く空きになる部員（複数いる場合はそのうち最小の番号の部員）が、空きになった日付から次の工芸品を担当する。

　最も早く空きになる部員の番号を求めるために、各部員が空きになる日付を管理する配列Akibiを用意する。この配列の添字(1から始まる。)は部員の番号であり、要素はその部員が空きになる日付である。

例えば、図1の状況では、配列Akibiは図3のようになる。図1で部員1は5日目に空きになるため、図3で要素Akibi[1]は5となる。同様に要素Akibi[3]は［カ］となる。

| 日付（日月） | 1 | 2 | 3 | 4 | 5 | 6 | 7 | 8 | 9 | 10 | … |
|---|---|---|---|---|---|---|---|---|---|---|---|
| 部員1 | | | | | | | | | | | |
| 部員2 | 2 | 4 | | | | | | | | | |
| 部員3 | | 3 | | | | | | | | | |

図1　割当図（工芸品4まで）（再掲）

| 添字 | 1 | 2 | 3 |
|---|---|---|---|
| Akibi | 5 | 3 | ［カ］ |

図3　図1の状況に対応する配列Akibi

　図3において、要素Akibi［ウ］が配列Akibiの最小の要素であることから、部員［ウ］が最も早く空きになることがわかる。

**解答**　カ　④

**解説**　再度図1を見てみる。
Akibiは、各部員が空きになる日付を示しているため、Akibiは「部員1, 2, 3 の空き日」を要素として保持している。つまり、Akibiについて
・Akibi[1] …　部員1 の空き日　→ 5
・Akibi[2] …　部員2 の空き日　→ 3
・Akibi[3] …　部員3 の空き日　→ 4

となる。

この考え方に基づき、Kさんは配列**Akibi**の要素と、部員数が代入された変数buinsuを用いて、次に割り当てる工芸品の担当部員を表示するプログラムを作成した（図4）。ここでは例として、**(01)** 行目で図3のように配列Akibiを設定している。

```
(01)  Akibi = [5, 3, ［カ］]
(02)  buinsu = 3
(03)  tantou = 1
(04)  buin を2からbuinsuまで1ずつ増やしながら繰り返す:
(05)  │   もし［ キ ］ならば:
(06)  └   └   tantou = buin
(07)  表示する("次の工芸品の担当は部員",tantou,"です。")
```

図4　次に割り当てる工芸品の担当部員を表示するプログラム

仮に部員数が変わったとしても、配列**Akibi**と変数**buinsu**を適切に設定すれば、このプログラムを用いることができる。部員が5名に増えた場合 **(01)** 行目を例えば**Akibi= [5, 6, 4, 4, 4]** に、**(02)** 行目を**buinsu = 5**に変更して図4のプログラムを実行すると、**(06)** 行目の代入が［ク］回行われ、「次の工芸品の担当は部員3です。」と表示される。

```
┌─［ キ ］の解答群
│ ⓪  buin < tantou      ①  Akibi [buin] < Akibi [tantou]
│ ②  buin > tantou      ③  Akibi [buin] > Akibi [tantou]
```

**解答**　キ　①

**解説**　まず、担当を決める規則は問題中に下記のように記載されている。

> 最も早く空きになる部員（複数いる場合はそのうち最小の番号の部員）が、空きになった日付から次の工芸品を担当する。

この文章から、まず「全部員について空き日を確認する必要がある」ということがわかる。

次に図4を見ると、4-6行目で「繰り返し中に**tantou**を上書きしている」こと、7

行目から「tantouが次の工芸品の担当を示していること」がわかる。

つまり、この繰り返しでは「それぞれの部員の空き日を順にみていき、最も空き日の早い部員を見つけるたびに担当者を更新する」という処理を行っている。

例えば、図3の`Akibi = [5, 3, 4]`を例にした場合、

1　部員1を「現時点で最も空き日が早い部員」と仮定する（＝「仮担当者」と呼ぶ）
2　部員2の方が仮担当者（部員1）よりもさらに空き日が早いので、部員2を仮担当者にする
3　部員3は仮担当者（部員2）よりも空き日が遅いので、空き日は更新しない

のように考えることで、最終的に部員2を「最も空き日が早い部員」として確定することができる。

（2の繰り返しでは、部員番号を小さい順に確認することで、空き日が早い部員の中で最も部員番号の小さい部員だけが仮担当者となる）

よって、5行目に入る条件は「ある部員（＝ `buin`）が、今の仮担当者（＝ `tantou`）よりも空き日が早い」、つまり「`Akibi[buin]<Akibi[tantou]`」という条件になる。

----

問3　次の文章を読み、空欄［　ケ　］〜［　シ　］に入れるのに最も適当なものを、後の解答群のうちから一つずつ選べ。

　次にKさんは、工芸部の部員数と、表1のような各工芸品の製作日数を用いて、図2のような一覧を表示するプログラムを作ることにした。

表1　各工芸品の製作日数（再掲）

| 工芸品 | 1 | 2 | 3 | 4 | 5 | 6 | 7 | 8 | 9 |
|---|---|---|---|---|---|---|---|---|---|
| 製作日数 | 4 | 1 | 3 | 1 | 3 | 4 | 2 | 4 | 3 |

```
工芸品1  …  部員1  ：    1日目〜4日目
工芸品2  …  部員2  ：    1日目〜1日目
工芸品3  …  部員3  ：    1日目〜3日目
工芸品4  …  部員［ア］：  ［イ］日目〜［イ］日目
工芸品5  …  部員［ウ］：  ［エ］日目〜［オ］日目

工芸品9  …  部員1  ：    7日目〜9日目
```

図2　各工芸品の担当と期間を一覧にしたメールの文面（再掲）

表1をプログラムで扱うために、Kさんは工芸品の番号順に製作日数を並べた配列**Nissu**(添字は1から始まる。)を用意した。さらに、工芸品数9が代入された変数**kougeihinsu**, 各部員が空きになる日付を管理する配列**Akibi**、部員数3が代入された変数**buinsu**を用いて,図2の一覧を表示するプログラムを作成した(図5)。最初はどの部員も合宿初日すなわち1日目で空きであるため、**(03)** 行目で配列**Akibi**の各要素を1に設定している。

　工芸品の番号を表す変数**kougeihin**を用意し,**(05)**～**(11)** 行目で各工芸品に対して順に担当と期間を求めていく。破線で囲まれた**(06)**～**(09)** 行目は問2における図4の**(03)**～**(06)**行目と同じもので、次に割り当てる工芸品の担当部員の番号を変数**tantou**に代入する処理を行う。**(10)** 行目で図2の1行分を表示し、**(11)** 行目で担当部員が空きになる日付を更新する。

```
(01) Nissu = [4, 1, 3, 1, 3, 4, 2, 4, 3]
(02) kougeihinsu = 9
(03) Akibi = [1、1、1]
(04) buinsu = 3
(05) ［ ケ ］を1から［ コ ］まで1ずつ増やしながら繰り返す:
(06) │    tantou = 1
(07) │    buinを2からbuinsuまで1ずつ増やしながら繰り返す:
(08) │    │    もし［ キ ］ならば:
(09) │    │    └   tantou = buin
(10) │    表示する("工芸品"、kougeihin, "…"
      │            "部員"、 tantou, ":",
      │            Akibi[tantou], "日目～",
      │            Akibi[tantou] + ［ サ ］、"日目")
(11)      Akibi[tantou] = Akibi[tantou] + ［ シ ］
```

図5 各工芸品の担当と期間の一覧を表示するプログラム

```
─ ［ ケ ］・［ コ ］の解答群 ──────────────
  ⓪ buin       ① kougeihin      ② tantou
  ③ buinsu     ④ kougeihinsu
```

―― [ サ ]・[ シ ] の解答群 ――

⓪ `Nissu[kougeihin]`  ① `Nissu [tantou]`

② `Nissu [kougeihin] − 1`  ③ `Nissu [tantou] −1`

④ `Nissu [kougeihin − 1]`  ⑤ `Nissu [tantou −1]`

**解答** ケ ① コ ④ サ ②

**解説** まず、

・Akibi[tantou], "日目〜"

・Akibi[tantou] + [ サ ], "日目"

という表示項目に着目する。

これは各工芸品に対して、担当部員が何日目から何日目まで製作するかを表示している部分である。

例えば表1と図2のような状況を考えてみる。

表1　各工芸品の製作日数（再掲）

| 工芸品 | 1 | 2 | 3 | 4 | 5 | 6 | 7 | 8 | 9 |
|---|---|---|---|---|---|---|---|---|---|
| 製作日数 | 4 | 1 | 3 | 1 | 3 | 4 | 2 | 4 | 3 |

工芸品1 … 部員1 ： 1日目〜4日目

工芸品2 … 部員2 ： 1日目〜1日目

工芸品3 … 部員3 ： 1日目〜3日目

工芸品4 … 部員[ア]： [イ]日目〜[イ]日目

工芸品5 … 部員[ウ]： [エ]日目〜[オ]日目

工芸品9 … 部員1 ： 7日目〜9日目

図2　各工芸品の担当と期間を一覧にしたメールの文面（再掲）

部員1は工芸品1を担当しており、その製作期間は1日目から4日目までである。このとき、工芸品1の製作日数は4日間なので、製作をx日目から始める場合、製作が終わるのはx + 4 − 1日目だと計算できる。

つまり、各部員が`Akibi[tantou]`から製作を始める場合、製作が終わるのは

・`Akibi[tantou]` + （製作に必要な日数）− 1日目

であると計算できる。

よって、[ サ ]に当てはまるのは、「（製作に必要な日数）− 1」を表す

「`Nissu[kougeihin]` − 1」となる。

**解答** シ ⓪

**解説** このプログラムでは、各工芸品について

1 担当部員を誰にするか計算する（6-9行目）

2 製作情報などを表示する（10行目）

3 担当部員の製作状況を更新する（11行目）

という処理を繰り返している。

例えば、各部員の手がすべて空いている状況から図1 のような状態まで計算する場合を考える。

| 日付（日月） | 1 | 2 | 3 | 4 | 5 | 6 | 7 | 8 | 9 | 10 | ⋯ |
|---|---|---|---|---|---|---|---|---|---|---|---|
| 部員1 | | 1 | | | | | | | | | |
| 部員2 | 2 | 4 | | | | | | | | | |
| 部員3 | | 3 | | | | | | | | | |

図1　割当図（工芸品4まで）（再掲）

このとき、プログラムでは

1 部員1を工芸品1の担当として、スケジュールを更新する。

（図1に矢印1を書く ＝ 部員1の空き日が5になる）

2 部員2を工芸品2の担当として、スケジュールを更新する。

（図1に矢印2を書く ＝ 部員2の空き日が2になる）

3 部員3を工芸品3の担当として、スケジュールを更新する。

（図1に矢印3を書く ＝ 部員3の空き日が4になる）

4 部員2 を工芸品4 の担当として、スケジュールを更新する。

（図1に矢印4を書く ＝ 部員2の空き日が3になる）

という処理を行っているはずである。

つまり、図5のプログラムでは各部員の製作状況を空き日**Akibi**で管理しており、「担当者の決定後には、その担当者の空き日を更新する必要がある」ということになる。

よって、11行目の処理は

「決定した担当者の空き日を、工芸品の製作にかかる日数分だけ伸ばす」という処理である

```
Akibi[tantou] = Akibi[tantou] + Nissu[kougeihin]となる。
```

## 本問（2025年共通テスト第3問）の正解一覧

| 問題番号 | 解答番号 | 正　解 |
|:---:|:---:|:---:|
| | ア | 2 |
| | イ | 2 |
| | ウ | 2 |
| | エ | 3 |
| | オ | 5 |
| 第3問 | カ | 4 |
| | キ | 1 |
| | ク | 1 |
| | ケ | 1 |
| | コ | 4 |
| | サ | 2 |
| | シ | 0 |

　今回のプログラミング問題は、配列の添字が「1」から始まる決まり（1オリジン）だったことが特徴です。Pythonのような有名なプログラミング言語だと配列の添字が「0」から始まる決まり（0オリジン）である場合もあり、一部の参考書では添字が0から始まると書いてありますが、共通テストの場合は問題文をよく読んで、添字が1から始まるか、0から始まるか、その都度判断する必要があります。

　ちなみに、2025年度の共通テストは、本試験も追試験も、どちらも1オリジンでした。「1番の人は添字1」という対応である今回のような問題は、分かりやすくて解きやすいですが、添字が0オリジンの場合は「1番の人は添字0」のようにややこしくなるので、注意しましょう！

## 語 句 が 繋 がる

　論理演算は、コンピュータがデータを処理するための基礎であり、主に「AND回路」「OR回路」「NOT回路」といった回路を用いて行われます。これらの回路は、デジタル信号を処理し、特定の条件に基づいて出力を決定します。たとえば、「AND回路」は、2つの入力がともに真の場合にのみ真を返す回路です。一方、「OR回路」は、どちらか一方が真であれば真を返します。また、「NOT回路」は入力を反転させ、真なら偽、偽なら真を返す論理否定を行います。

　論理演算を組み合わせることで、より複雑な計算や処理を行うことが可能です。「真理値表」を使って、各入力に対する出力のパターンを示すことができ、論理和や論理積などの関係を視覚的に確認できます。さらに、ANDやORの組み合わせに「否定論理積（NAND回路）」や「排他的論理和（XOR回路）」が加わり、さまざまな論理回路を構成します。たとえば、「XOR回路」は、2つの入力が異なる場合にのみ真を返す特殊な回路です。

　これらの回路を基にして、より高度な計算を行う「半加算器」や「全加算器」などが作られています。これらの加算器は、デジタル回路内での二進数の足し算を行う装置であり、コンピュータ内部での基本的な計算処理を支えています。

　プログラムを作成する際に、論理演算や論理回路だけではなく、「アルゴリズム」も重要な役割を果たします。アルゴリズムとは、問題を解決するための手順や手法のことを指し、効率的な問題解決のためには適切なアルゴリズムを選択することが求められます。アルゴリズムを実行するためには、まず「フローチャート（流れ図）」で処理の流れを整理し、次に「プログラミング言語」を使って実装します。

プログラミングには、「コンパイラ方式」と「インタプリタ方式」という2つの方法があります。コンパイラ方式では、ソースコード全体を一度に翻訳し、実行可能なファイルに変換します。一方、インタプリタ方式では、ソースコードを1行ずつ逐次実行していくため、実行のたびに逐次翻訳されます。どちらの方法を使うかは、プログラムの用途や効率性によって選ばれます。

　プログラムの基本的な構造には、「順次構造」「選択構造」「反復構造」といった「制御構造」が含まれます。順次構造は、指示された手順を順番に実行していくもので、基本的な流れを作ります。選択構造では、条件に応じて異なる処理を行い、真（True）か偽（False）かによって分岐します。反復構造は、特定の条件が満たされるまで処理を繰り返すループを指し、同じ処理を繰り返す場面で使われます。

　プログラミング中には、「バグ」と呼ばれる予期しないエラーが発生することがあり、これを解決するために「デバッグ」を行います。デバッグでは、「デバッガー」というツールを使い、プログラムの動作を確認しながらバグを修正します。エラーの一つに「オーバーフロー」があり、これは計算結果が扱える範囲を超えた際に発生します。また、浮動小数点数を扱う際には「丸め誤差」や「桁落ち誤差」も問題となることがあります。特に「浮動小数点表現」では、数値を正確に表現することが難しい場合があり、その一部の精度が失われることがあります。

　浮動小数点数を効率よく扱うために「けち表現」と呼ばれる手法が使われることもありますが、これは数値の精度を保ちながらデータの容量を節約するための工夫です。また、「アンダーフロー」とは、非常に小さな数値が計算途中でゼロになってしまう現象を指します。

# 第3章 コンピュータとプログラミング

## 3-1　5大装置

**0244**　コンピュータに指示を与える一連の命令を[　　　]といいます。

プログラム

**0245**　コンピュータの基本的な構成要素を指す言葉で、入力装置、出力装置、記憶装置、演算装置、制御装置のことを[　　　]といいます。

5大装置

**0246**　コンピュータの物理的な部品や機器を[　　　]といいます。

ハードウェア

**0247**　コンピュータを動作させるためのプログラム全般を[　　　]といいます。

ソフトウェア

**0248**　データを入力するための装置を[　　　]といいます。

入力装置

**0249**　データを表示したり印刷したりするための装置を[　　　]といいます。

出力装置

**0250**　データを保存するための装置を[　　　]といいます。

記憶装置

**0251**　データの処理や計算を行う装置を[　　　]といいます。

演算装置

過 去 問 ▷

**34.** 次の説明文の空欄 [ ア ]〜[ コ ] に入る適切な言葉を解答群から選び、それぞれの選択肢の番号を解答欄にマークしなさい。

(1) 現在使われている情報機器は、プログラムやデータなどの [ ア ] が、機器そのものである [ イ ] に命令して動く電子機器である。

(2) コンピュータは、キーボードやマウスなどの入力装置から、文字や数値、記号、音声などのデータやプログラムを入力する。そしてそれらを DRAM などの [ ウ ] や、HDD（ハードディスクドライブ）、SSD などの [ エ ] に保存し、演算装置によって計算が行われる。その処理結果をディスプレイやプリンタなどの出力装置に出力する。

(3) また、これらの装置を制御しているのが制御装置である。このような各装置を [ イ ] といい、このうち演算装置、制御装置を合わせて [ オ ] という。

(4) ソフトウェアにはオペレーティングシステム（OS）のような [ カ ] のほかに、文書処理ソフトウェア（ワープロソフト）、表計算ソフトウェア（[ キ ]）、プレゼンテーションソフトウェア、Web ページ閲覧ソフトウェア（[ ク ]）、画像処理ソフトウェアなどの [ ケ ] がある。

(5) OS は周辺機器を動作させる [ コ ] というプログラムを追加することで、さまざまな周辺機器に対応することができる。このため、アプリケーションソフトウェアを使う場合には、周辺機器の違いをほとんど意識することなく作業をすることができる。

┌─ 選択肢 ──────────────────────────────
│ ⓪ 中央処理装置（CPU） ① 基本ソフトウェア
│ ② 応用ソフトウェア（アプリケーションソフトウェア） ③ ブラウザ
│ ④ 補助記憶装置 ⑤ 主記憶装置 ⑥ ソフトウェア ⑦ ハードウェア
│ ⑧ ドライバ ⑨ スプレッドシート
└──────────────────────────────────────

【武蔵野大学全学部統一─2022】

**解答** ア：⑥ イ：⑦ ウ：⑤ エ：④ オ：⓪
カ：① キ：⑨ ク：③ ケ：② コ：⑧

**解説** 情報においてプログラムやデータのことは「ソフトウェア」、機器のことを「ハードウェア」といいます。また、記憶装置のうち DRAM などを「主記憶装置」、HDD、SSD などを「補助記憶装置」といいます。さらに、演算装置、制御装置を合わせて「中央処理装置（CPU）」といいます。ソフトウェアは、オペレーティングシステムのような「基本ソフトウェア」や、表計算ソフト（スプレッドシート）や Web ページ閲覧ソフトウェア（ブラウザ）のような「応用ソフトウェア」に分かれます。周辺機器を動作させるためには「ドライバ」を追加する必要があります。

| 0252 | コンピュータ全体の動作を管理する装置を［　　　］といいます。 | 制御装置 |
| 0253 | コンピュータの中枢部分で、計算や制御を行う装置を［　　　］または［　　　］といいます。 | CPUまたは中央処理装置 |
| 0254 | コンピュータがデータやプログラムを一時的に保存するための装置を［　　　］または［　　　］または［　　　］といいます。 | 主記憶装置またはメインメモリまたはメモリ |
| 0255 | 大量のデータを長期間保存するための装置を［　　　］または［　　　］といいます。 | 補助記憶装置またはストレージ |
| 0256 | データを読み書きする速度を示す指標を［　　　］といいます。 | アクセス速度 |
| 0257 | データを磁気ディスクに保存する記憶装置を［　　　］といいます。 | ハードディスク（HDD） |
| 0258 | データをフラッシュメモリに保存する高速な記憶装置を［　　　］といいます。 | SSD |
| 0259 | CPU内部で一時的にデータを保存する高速な記憶装置を［　　　］といいます。 | レジスタ |
| 0260 | メモリ上の特定のデータが格納されている場所を示す番号を［　　　］といいます。 | アドレス |

## 過去問

**35.** 問1 コンピュータの構成について述べた次の文章を読み、空欄に入る最も適切な語句を選択肢の中から選び、その番号をマークしなさい。

　近年コンピュータは様々な分野で利用され種類も多様である。しかし、基本的なコンピュータの構成要素は同じである。コンピュータを構成するハードウェアは、5つの要素に分類される。これらの装置をコンピュータの五大装置という。

　五大装置の制御とデータの流れを下記に示す。

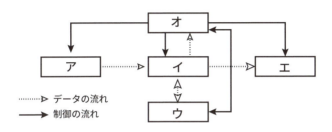

図1　五大装置における制御とデータの流れ

　[　ア　]であるキーボードやマウスから文字や数値などのデータの入力を行い、入力されたデータは、[　イ　]であるメモリやハードディスク、SSDに保存される。そして保存されたデータは[　ウ　]に送られ計算が行われる。その処理結果を[　エ　]であるディスプレイやプリンタに出力する。また、これらの装置を制御しているのが[　オ　]である。

① 記憶装置　　② 入力装置　　③ 通信装置　　④ 出力装置
⑤ 制御装置　　⑥ 監視装置　　⑦ 演算装置　　⑧ 計測装置

【武蔵野大学工学部・データサイエンス学部2020】

**解答**　ア：②　イ：①　ウ：⑦　エ：④　オ：⑤

**解説**　キーボードやマウスなどデータの入力を行うものは「入力装置」といい、メモリやハードディスクのようにデータを保存するものは「記憶装置」といいます。データの計算を行う部分を「演算装置」、ディスプレイへの出力を行う部分を「出力装置」といいます。これらの装置を制御しているものは「制御装置」といいます。

| | | |
|---|---|---|
| 0261 | コンピュータの動作タイミングを制御する信号を□といいます。 | クロック信号 |
| 0262 | コンピュータの動作速度を示す指標で、Hz（ヘルツ）で表されるものを□といいます。 | クロック周波数 |
| 0263 | クロック信号の単位は□です。 | Hz |
| 0264 | コンピュータ本体に接続される外部機器を□または□といいます。 | 周辺装置または周辺機器 |
| 0265 | コンピュータと周辺機器を接続するための規格を□といいます。 | インタフェース |
| 0266 | マウスやキーボードと通信を行うための標準規格の一つを□といいます。 | USB |
| 0267 | コンピュータを動作させるための基本的なソフトウェアを□といいます。 | 基本ソフトウェア |
| 0268 | 特定の目的や作業を行うためのソフトウェアを□または□といいます。 | アプリケーションソフトウェアまたは応用ソフトウェア |
| 0269 | コンピュータの動作を管理し、各アプリの実行環境を提供するソフトウェアを□といいます。 | 基本ソフトウェア（OS） |

過 去 問 ▶

**36.** c　コンピュータカタログのハードウェアの仕様欄には、各機種のCPU、主記憶装置、補助記憶装置などに関連する情報がまとめられている。例えば、CPUの欄には［　サ　］が記載され、その単位はHz（ヘルツ）である。

　主記憶装置や補助記憶装置の欄には記憶容量が記載されている。記憶容量の単位は［　シ　］である。最近の補助記憶装置の記憶容量は、数百G［　シ　］、数T［　シ　］のものが多い。ここでGはギガ、Tは［　ス　］と読む接頭辞である。Gは10の9乗、Tは10の［　セソ　］乗を意味するが、慣習的に1024G［　シ　］＝1T［　シ　］のように用いられることがある。

　なお、持ち出して使うようなノート型コンピュータについては、重量、最大連続駆動時間、消費電力も記載されている。消費電力の単位は［　タ　］である。

---

［　サ　］～［　ス　］、［　タ　］の解答群

⓪　集積度　　①　ビット数　　②　クロック周波数　　③　キャッシュ容量
④　コア数　　⑤　B（バイト）　　⑥　W（ワット）　　⑦　A（アンペア）
⑧　dpi　　⑨　bps　　ⓐ　ピコ　　　　　　ⓑ　テラ
ⓒ　トランスポート　　　　　ⓓ　テスラ

---

【センター試験「情報関係基礎」2020】

**解答**　サ：②　シ：⑤　ス：ⓑ　セ：①　ソ：②　タ：⑥

**解説**　CPUに記載され、単位がHz（ヘルツ）の数値は「クロック周波数」です。また、記憶容量の単位は「B（バイト）」で表します。また、バイトの接頭辞として、G（ギガ）、T（テラ）などを使用します。ギガは10の9乗、テラは10の12乗を表しますが、コンピュータの容量としては1024GB＝1TBと表すことが多いです。また、消費電力の単位としては「W（ワット）」を使用します。これらの情報はコンピュータカタログのハードウェアの仕様欄にまとめられており、これらを参考にコンピュータの性能を把握し、購入することができます。

3

コンピュータとプログラミング

111

| 0270 | データやプログラムを格納するための単位を□□□□といいます。 | ファイル |

| 0271 | ファイルを整理するための単位を□□□□または□□□□といいます。 | フォルダまたはディレクトリ |

# 3-2 コンピュータにおける演算の仕組み

| 0272 | 真偽値を扱う演算を□□□□といいます。 | 論理演算 |

| 0273 | 論理演算を実行するための回路を□□□□といいます。 | 論理回路 |

| 0274 | ２つの入力がともに真のときに真となる論理回路を□□□□といいます。 | AND回路 |

| 0275 | いずれか一方の入力が真のときに真となる論理回路を□□□□といいます。 | OR回路 |

| 0276 | 入力が真のときに偽、偽のときに真となる論理回路を□□□□といいます。 | NOT回路 |

| 0277 | 論理演算の結果を表にまとめたものを□□□□といいます。 | 真理値表 |

## 過去問

**37.** 問1 図1に示す論理回路1には、A、B、Cの3つの入力とD、Eの2つの出力があります。表1は、A、B、Cのそれぞれに0か1を入力した時のD、Eの出力の値を示したものです。表1から、A、B、Cの入力の組み合わせは状態1～8の8通りです。表1の空欄（ア）～（カ）に入る出力の値を解答欄に⓪か①の番号で答えなさい。

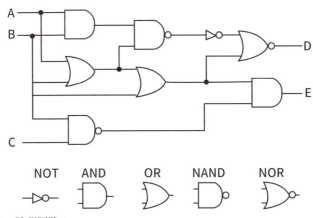

図1　論理回路1

表1

| 状態 | 入力A | 入力B | 入力C | 出力D | 出力E |
|---|---|---|---|---|---|
| 1 | 0 | 0 | 0 | 1 | 0 |
| 2 | 1 | 0 | 0 | （ア） | （イ） |
| 3 | 1 | 1 | 0 | （ウ） | （エ） |
| 4 | 1 | 1 | 1 | 0 | 0 |
| 5 | 0 | 1 | 1 | （オ） | 0 |
| 6 | 0 | 0 | 1 | 1 | 0 |
| 7 | 1 | 0 | 1 | 0 | （カ） |
| 8 | 0 | 1 | 0 | 0 | 1 |

問2 図2に示す論理回路2には、A、B、Cの3つの入力とD、Eの2つの出力があります。表2は、A、B、Cのそれぞれに0か1を入力した時のD、Eの出力の値を示したものです。表2から、A、B、Cの入力の組み合わせは状態1～8の8通りです。図2の論理回路2が、表2で示す状態1～8を実現するために、

図2の(キ)の位置に入る最も適切なものを答えなさい。解答は以下の[解答群]から1つ選び、解答欄に⓪～③の番号で答えなさい。

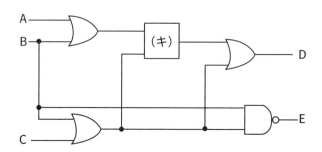

図2　論理回路2

表2

| 状態 | 入力A | 入力B | 入力C | 出力D | 出力E |
|---|---|---|---|---|---|
| 1 | 0 | 0 | 0 | 1 | 1 |
| 2 | 1 | 0 | 0 | 1 | 1 |
| 3 | 1 | 1 | 0 | 1 | 0 |
| 4 | 1 | 1 | 1 | 1 | 0 |
| 5 | 0 | 1 | 1 | 1 | 0 |
| 6 | 0 | 0 | 1 | 1 | 1 |
| 7 | 1 | 0 | 1 | 1 | 1 |
| 8 | 0 | 1 | 0 | 1 | 0 |

解答群

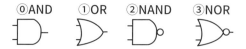

【和光大学経済経営学部・表現学部・現代人間学部2022】

**解答** ア：0 イ：1 ウ：0 エ：1 オ：0 カ：1 キ：②

**解説** まず、図のように番号を振り、それぞれの位置での真偽を考えます。これらの真偽を考えると以下の表のようになります。

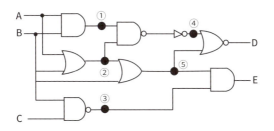

| 状態 | A | B | C | ① | ② | ③ | ④ | ⑤ | D | E |
|---|---|---|---|---|---|---|---|---|---|---|
| 1 | 0 | 0 | 0 | 0 | 0 | 1 | 0 | 0 | 1 | 0 |
| 2 | 1 | 0 | 0 | 0 | 1 | 1 | 0 | 1 | 0 | 1 |
| 3 | 1 | 1 | 0 | 1 | 1 | 1 | 1 | 1 | 0 | 1 |
| 4 | 1 | 1 | 1 | 1 | 1 | 0 | 1 | 1 | 0 | 0 |
| 5 | 0 | 1 | 1 | 0 | 1 | 0 | 0 | 1 | 0 | 0 |
| 6 | 0 | 0 | 1 | 0 | 0 | 1 | 0 | 0 | 1 | 0 |
| 7 | 1 | 0 | 1 | 0 | 1 | 1 | 0 | 1 | 0 | 1 |
| 8 | 0 | 1 | 0 | 0 | 1 | 1 | 0 | 1 | 0 | 1 |

続いて、問2も同様に考えます。（キ）が選択肢のそれぞれの場合を考えて解答を考えます。これらから最も適当なものは②となります。

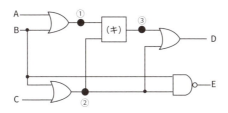

| 状態 | A | B | C | ① | ② | AND | OR | NAND | NOR | D | E |
|---|---|---|---|---|---|---|---|---|---|---|---|
| 1 | 0 | 0 | 0 | 0 | 0 | 0 | 0 | 1 | 1 | 1 | 1 |
| 2 | 1 | 0 | 0 | 1 | 0 | 0 | 1 | 1 | 0 | 1 | 1 |
| 3 | 1 | 1 | 0 | 1 | 1 | 1 | 1 | 0 | 0 | 1 | 0 |
| 4 | 1 | 1 | 1 | 1 | 1 | 1 | 1 | 0 | 0 | 1 | 0 |
| 5 | 0 | 1 | 1 | 1 | 1 | 1 | 1 | 0 | 0 | 1 | 0 |
| 6 | 0 | 0 | 1 | 0 | 1 | 0 | 1 | 1 | 0 | 1 | 0 |
| 7 | 1 | 0 | 1 | 1 | 1 | 1 | 1 | 0 | 0 | 1 | 0 |
| 8 | 0 | 1 | 0 | 1 | 1 | 1 | 1 | 0 | 0 | 1 | 0 |

| | | |
|---|---|---|
| 0278 | 複数の論理式のうち、いずれかが真であることを表す論理を ___ といいます。 | 論理和 |
| 0279 | 論理式の否定を表す論理を ___ といいます。 | 論理否定 |
| 0280 | 複数の論理式がすべて真であることを表す論理を ___ といいます。 | 論理積 |
| 0281 | 論理積の否定を表す論理を ___ といいます。 | 否定論理積 |
| 0282 | 2つの入力がともに真のときに偽となる論理回路を ___ といいます。 | NAND回路 |
| 0283 | 2つの入力が異なるときに真となる論理回路を ___ といいます。 | 排他的論理和 |
| 0284 | 2つの入力が異なるときに真となる論理回路を ___ といいます。 | XOR回路 |
| 0285 | 1桁の加算を行う回路を ___ といいます。 | 半加算器 |
| 0286 | 複数桁の加算を行う回路を ___ といいます。 | 全加算器 |

過去問 ▷

**38.** 問7 基本論理演算子AND、OR、NOTを用いて、XORという新たな論理演算を定義する。入力「A」と入力「B」と出力「A XOR B」の関係は下記の表4のように表される。

表4

| 入力「A」 | 入力「B」 | 出力「A XOR B」 |
|---|---|---|
| 0 | 0 | 0 |
| 1 | 0 | 1 |
| 0 | 1 | 1 |
| 1 | 1 | 0 |

　このとき、XORはAND、OR、NOTを用いてどのように表されるか、適切な式を選択肢の中から選び、その番号をマークしなさい。[　セ　]

① 　(A OR(NOT B)) OR ((NOT A) OR B)

② 　(A OR(NOT B)) AND ((NOT A) OR B)

③ 　(A AND(NOT B)) OR ((NOT A) AND B)

④ 　(A AND(NOT B)) AND ((NOT A) AND B)

【武蔵野大学全学部統一2021】

**解答** ③

**解説** それぞれの選択肢の真偽を以下の表に示します。この結果より正答は③となります。

| A | B | A OR (NOT B) | A AND (NOT B) | (NOT A) OR B | (NOT A) AND B | ① | ② | ③ | ④ |
|---|---|---|---|---|---|---|---|---|---|
| 0 | 0 | 1 | 0 | 1 | 0 | 1 | 1 | 0 | 0 |
| 1 | 0 | 1 | 1 | 0 | 0 | 1 | 0 | 1 | 0 |
| 0 | 1 | 0 | 0 | 1 | 1 | 1 | 0 | 1 | 0 |
| 1 | 1 | 1 | 0 | 1 | 0 | 1 | 1 | 0 | 0 |

| 0287 | プログラムの誤りを　　　　といいます。 | バグ |
|---|---|---|
| 0288 | プログラムの誤りを修正することを　　　　といいます。 | デバッグ |
| 0289 | プログラムの誤りを見つけて修正するためのツールを　　　　といいます。 | デバッガー |
| 0290 | 計算結果が表現できる範囲を超えたときに発生する誤りを　　　　といいます。 | オーバーフロー |
| 0291 | 浮動小数点演算において、端数を切り捨てたり、四捨五入する際に発生する誤りを　　　　といいます。 | 丸め誤差 |
| 0292 | 小数点の位置を動かして数値を表現する方法を　　　　といいます。 | 浮動小数点表現 |
| 0293 | 正規化された浮動小数点数では、仮数の先頭ビットを常に1と仮定することで、そのビットを明示的に表現せずに済む　　　　が用いられることがあります。 | けち表現 |
| 0294 | 計算結果が0に近い小さな値になるときに発生する誤りを　　　　といいます。 | アンダーフロー |
| 0295 | 近い大きさの小数同士で減算を行ったときに有効数字が減ることによって生じる誤差を　　　　といいます。 | 桁落ち誤差 |

118

**39.** 図1に、AとBを入力、CとDを出力とする論理回路を示す。この論理回路に関し、空欄 [ 8 ]〜[ 10 ] に入れるのに最も適当なものをそれぞれの解答群から選びなさい。

なお図中において、N1はNOT回路、A1はAND回路、O1とO2はOR回路を表す。

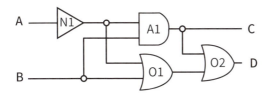

図1：論理回路

(1) この回路が故障を起こしていなければ、入力がA＝1、B＝1の場合、出力は [ 8 ] となる。

[ 8 ] の解答群
① C＝0、D＝0　② C＝0、D＝1
③ C＝1、D＝0　④ C＝1、D＝1

(2) N1、A1、O1、O2のどれか一つだけが、本来0を出力するときに1を、1を出力するときに0を出力してしまう故障を起こしてしまい、入力A＝0、B＝0に対して出力C＝0、D＝0が得られた。この情報から、[ 9 ] は故障を起こしていないと判断できる。

[ 9 ] の解答群
① N1　② A1　③ O1　④ O2

（3）上記における入力A＝0、B＝0に対する出力がC＝0、D＝0であるという情報を踏まえ、N1、A1、O1、O2のどれが故障を起こしているかを特定する［ 10 ］。

┌─ ［ 10 ］の解答群 ─────────────────────────
① ためには、次に入力A＝0、B＝1に対する回路の出力を確認すべきである
② ためには、次に入力A＝1、B＝0に対する回路の出力を確認すべきである
④ ためには、次に入力A＝1、B＝1に対する回路の出力を確認すべきである
⑤ ことは、入力に関わらず不可能である
└──────────────────────────────────────

【日本大学 情報 I サンプル問題】

**解答** 8：② 9：② 10：①

**解説** （1）A、Bが1の場合、N1の出力は「0」、O1の出力は「1」、A1の出力は「0」、O2の出力は「1」です。したがって、正答は②となります。
（2）Bが0の時点でA1の出力は0となり、出力Cが0であることから故障していないことがわかります。
（3）O1、O2の出力が正しいことを確かめるためには、2つの入力がともに「1」になる必要があります。この組み合わせになるためには、A＝0、B＝1となる組み合わせを入力すれば故障を起こしているかの判断が可能です。

次の真理値表と同じ結果が得られる論理回路を1つ選択しなさい。

| 入力 | | 出力 |
|---|---|---|
| A | B | X |
| 0 | 0 | 1 |
| 0 | 1 | 1 |
| 1 | 0 | 0 |
| 1 | 1 | 0 |

120

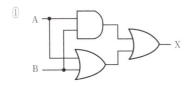

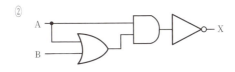

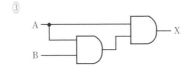

**解答** ②

**解説** 地道に全パターンを試せば正解は分かりますが、今回はテクニック的な要素を解説します。

まず着目するべきは真理値表の「非対称性」です。どういうことかというと、入力が「0と1」だったときに出力が「1」になっている一方で、入力が「1と0」だったときに出力が「0」になっているのです。対称性が無いことは、出力が上から順番に「1、1、0、0」となっていることからも読み取れるでしょう。出力が、上から順番に、たとえば「1、0、0、1」とか「0、1、1、0」であれば、対称性があると言えるでしょう。しかし今回の問題は2つの入力に対して対称性がないのです。そのため、⓪のような上下で対称性のある論理回路は正解にならないことが予想されます。

次に、「NOT回路の要素が必要」であることに注目しましょう。たとえば2つの入力が「0と0」のとき、出力が「1」になっています。ということは、どこかにNOT回路が存在していることが予想できます。

以上より選択肢を絞ってから真理値表の入力を当てはめると、正解は②であることがわかります。

# 3-3 アルゴリズムとプログラミング

**0296** 問題を解決するための手順や計算方法を[　　]といいます。

アルゴリズム

**0297** コンピュータに指示を与えるための一連の命令を[　　]といいます。

プログラム

**0298** プログラムのソースコードを書くことを[　　]といいます。

プログラミング

**0299** プログラムの処理の流れを図で表現する方法を[　　]または[　　]といいます。

フローチャートまたは流れ図

**0300** プログラムを記述するための言語を[　　]といいます。

プログラミング言語

**0301** プログラムを機械語に翻訳する方法を[　　]方式といいます。

コンパイラ

**0302** プログラムを1行ずつ実行しながら翻訳する方法を[　　]方式といいます。

インタプリタ

**0303** ソースコードを機械語に変換することを[　　]するといいます。

コンパイル

過 去 問 ▷

**40.** ソフトウェアの開発は種々の作業から成り立っている。その具体的な作業内容を記した次の文章a〜fの空欄 [ ア ]〜[ オ ] に入れるのに最も適当な語を、解答群のうちから一つずつ選べ。

a どのような入力データを、どのように処理をして、どのような結果を得たいのかを明らかにする。これを「問題の分析」という。

b 問題を解く [ ア ] を考え、それをわかりやすく記述する。これを「処理手順の決定」という。

c 決定した処理手順をプログラミング言語によって具体的に記述する。これを「[ イ ]」という。

d 記述されたプログラム中に文法的な誤りや内容の誤りがないかを調べ、プログラムを修正する。これを「[ ウ ]」という。

e 作成したプログラムを種々のデータを用いて実行し、正しい処理結果が得られるかどうかを確認する。これを「[ エ ]」という。

f 開発経過や結果、データ構造や処理手順などを記録し、運用後の機能改良や不具合なども記録しておく。これを「[ オ ]」という。

```
┌─ [ ア ]〜[ オ ] の解答群 ──────────────
│ ⓪ エラー        ① アクセスログ    ② コンパイル
│ ③ コーディング    ④ ライブラリ      ⑤ テストラン
│ ⑥ デバッグ       ⑦ アルゴリズム    ⑧ バグ
│ ⑨ 文書化        ⓐ テンプレート    ⓑ ユーザマニュアル
└──────────────────────────────────────
```

【センター試験2000 情報関連基礎】

**解答** ア：⑦ イ：③ ウ：⑥ エ：⑤ オ：ⓑ

**解説** 問題を解く流れのことを「アルゴリズム」といいます。これをプログラミング言語によって記述することを「コーディング」といい、文法的な誤りであるバグがないか調べることを「デバッグ」といいます。デバッグを完了したあとに、正しい結果が得られるかを確認することを「テストラン」といい、これらの処理手順などを記録し、改良した機能などを記載したものを「ユーザマニュアル」といいます。

| 0304 | プログラムの処理の流れを直線的に実行する構造を[ ]といいます。 | 順次構造 |

| 0305 | プログラムの処理の流れを条件によって分岐させる構造を[ ]といいます。 | 選択構造 |

| 0306 | プログラムの処理の流れを繰り返し実行する構造を[ ]といいます。 | 反復構造 |

| 0307 | プログラムの処理の流れを制御するための構造を[ ]といいます。 | 制御構造 |

| 0308 | 論理値が正しいことを示す値を[ ]といいます。 | 真 |

| 0309 | 論理値が誤りであることを示す値を[ ]といいます。 | 偽 |

## 過去問

**41.** 110円から140円のジュースが販売されている自動販売機がある。この自動販売機は、硬貨は1枚ずつしか投入できないが、購入ボタンを押す前にはいつでも返却レバーの押下により購入を取りやめることができる。50円硬貨3枚を投入し、この自動販売機から好きなジュースを買い、お釣りのお金を受け取る人の動作の流れを表すフローチャートを完成させたい。このとき、以下の問いに答えよ。

問2 図2のフローチャートは、ジュースの購入を途中で取りやめることができないものである。このフローチャートの（ア）〜（エ）の空欄にあてはまる語句を次の選択肢から選べ。なお、選択肢中の語句を複数回選ばないこと。

選択肢
(a) 2　(b) 3　(c) 5
(d) 50円硬貨の投入　(e) 購入ボタンの押下
(f) ジュースの取り出し

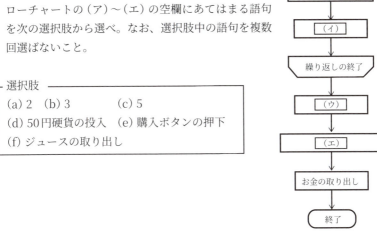

図2　ジュース購入フローチャート

【広島市立大学情報科学部 一般選抜後期日程個別学力検査 模擬問題B】

**解答**　ア：b　イ：d　ウ：e　エ：f

**解説**　本問は、フローチャートの順次処理、繰り返し処理を利用した問題です。まずは、50円硬貨を投入する必要があります。この際に、50円硬貨3枚を1枚ずつ投入する必要があるため、最初の繰り返し処理では、3回繰り返しを行い、50円硬貨の投入を行います。繰り返し処理が終わったあとは、購入ボタンを押下してジュースを購入します。その後、ジュースを取り出し、おつりが出てくるはずなので、お金の取り出しを行い、処理が終了となります。

## 語句が繋がる

　現代の情報科学では、「人工知能（AI）」が注目されています。AIは膨大なデータを処理し、学習や推論を通じて問題解決を行う技術です。プログラミングでAIのアルゴリズムを記述する際には、様々な「演算子」が用いられます。演算子には、算術演算を行う「算術演算子」や、変数に値を設定する「代入演算子」、2つの値を比較する「比較演算子」などがあります。

　例えば、「＊」は掛け算を行う算術演算子であり、「％」は剰余（割り算の余り）を求める際に使います。これらを組み合わせることで、計算処理や条件判断を効率よく行えます。また、文字列を扱う際には、「シングルクオーテーション（'）」や「ダブルクオーテーション（"）」で囲むことで文字列を定義します。どちらも同じように使えますが、言語によって使い分けが推奨されることもあります。

　さらに、データの保存や認証に関する処理で「ハッシュ」という技術も登場します。ハッシュは、特定の入力から固定長の出力を生成する関数で、データの整合性や暗号化に役立っています。AIと組み合わせて利用することで、セキュリティの向上やデータ処理の高速化が図られます。

　プログラミングにおいて、変数はデータを一時的に保存するための入れ物であり、「代入演算子」を使ってデータを代入します。変数には「変数名」を設定し、各変数を識別します。変数に値を入れる際、「予約語」と呼ばれる特別なキーワードを避ける必要があります。予約語はプログラム内で特定の意味を持つため、変数名に使えません。

条件に応じた処理を行うには、「条件式」が必要です。条件式に基づき、特定のコードブロックを実行するかどうかを決定します。また、繰り返しの処理には「繰り返し文」を用い、同じ処理を複数回実行することができます。プログラムの見やすさを保つため、コードの冒頭には「字下げ（インデント）」を行います。

　データを複数まとめて扱いたい場合は、「配列（リスト）」が便利です。配列には「添字（インデックス番号）」を使って各要素にアクセスします。さらに、「関数」を使うことで特定の処理をまとめ、再利用可能な形で呼び出せます。関数には「引数」を渡すことで、異なる入力に応じた処理が可能になり、処理結果を「戻り値」として受け取ることもできます。

　プログラミングでは、データの探索や整列も頻繁に行われます。「線形探索」や「2分探索」は、目的のデータを探すための方法です。線形探索は配列の先頭から順番に探す方法で、2分探索は整列されたデータに対して半分ずつ範囲を絞り込んでいく方法です。

　データの並び替えには「ソート」アルゴリズムが用いられ、「昇順」や「降順」で並べ替えます。代表的な整列アルゴリズムには、「選択ソート」や「バブルソート」があります。選択ソートは、未整列部分から最小または最大の要素を選んで順に並べる方法です。一方、バブルソートは隣接する要素を比較し、入れ替えを繰り返してデータを整列します。

## 3-4 プログラミングの基本

**0310** 人間の知能を模倣したコンピュータシステムを ⬚ または ⬚ といいます。

人工知能
またはAI

**0311** 文字列を囲むために使われる一重引用符を ⬚ といいます。

シングルクオー
テーション

**0312** 文字列を囲むために使われる二重引用符を ⬚ といいます。

ダブルクオー
テーション

**0313** プログラムの中でコメントを示すために使われる記号を ⬚ といいます。

ハッシュ

**0314** 値や文字の操作を行うことを ⬚ といいます。

演算

**0315** 足し算や引き算などの基本的な操作を行うための記号を ⬚ といいます。

算術演算子

**0316** 変数に値を代入するための記号を ⬚ といいます。

代入演算子

**0317** 変数の値を比較するための記号を ⬚ といいます。

比較演算子

## 過去問▷

**42.** 魔方陣とは、1から順に重複しない自然数を、各列、各行、各対角線の和が等しくなるように正方形状に並べたものである。列数と行数がいずれもNである魔方陣を「N次の魔方陣」と呼ぶ。図1は「3次の魔方陣」の例である。

問1 次の文章を読み、空欄［ ア ］・［ イ ］に当てはまる数字をマークせよ。また、空欄［ ウ ］～［ オ ］に入れるのに最も適当なものを、後の解答群のうちから一つずつ選べ。

| y＼x | 0 | 1 | 2 |
|---|---|---|---|
| 0 | 4 | 9 | 2 |
| 1 | 3 | 5 | 7 |
| 2 | 8 | 1 | 6 |

図1 3次の魔方陣

　与えられた数の並びが魔方陣かどうかを検証する準備として、各列や各行、各対角線の和を求め、表示する手続きを作成する。数の並びは、一番左の列を第0列、一番上の行を第0行として、第$x$列第$y$行の値が2次元配列Mahou[x,y]の要素に格納された形で与えられる。N次の魔方陣では、配列の添字の範囲は0からN－1までとなる。図1の場合、1が記入されているマスは第1列第2行なので、Mahou[1, 2]と表せる。

　第0行の和を求めるには、Mahou[0,0]、Mahou[1,0]、Mahou[2,0]を足し合わせる。同様に、第1行の和を求めるには、Mahou[［ ア ］,1]、Mahou[1,［ イ ］]、Mahou[2,［ イ ］]を足し合わせる。各行の和を求めて表示する手続きが図2である。変数Nには魔方陣の次数を格納する。各行の和は変数waを使用して計算され、行ごとに表示される。

```
(01)  N ← 3
(02)  gyouを0からN－1まで1ずつ増やしながら、
(03)  │  wa ← 0
(04)  │  retuを0からN－1まで1ずつ増やしながら、
(05)  │  │  wa ← wa＋［ ウ ］
(06)  │  を繰り返す
(07)  │  waを表示する
(08)  を繰り返す
```

図2 配列Mahouの各行の和を求めて表示する手続き

また、各列の和を計算するには、図2の手続きのうち **(02)** 行目と **(04)** 行目の変数gyouと変数retuを入れ替える。
　次に、対角方向についての和を考える。対角方向は、図3のように二つある。左上から右下への対角方向 ↘ の和を求める手続きは図4になる。

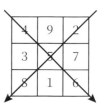

図3　魔方陣の二つの対角方向

```
(01)  N←3
(02)  wa←0
(03)  iを0からN-1まで1ずつ増やしながら、
(04)  │    wa←wa＋[ エ ]
(05)  を繰り返す
(06)  waを表示する
```

図4　配列Mahouの対角方向 ↘ の和を求める手続き

　右上から左下への対角方向 ↙ の和を求めるには図4の［ エ ］を［ オ ］に変更する。以上の手続きによって、各列、各行、二つの対角方向の和が表示され、それらがすべて等しいかどうかを目視で確認できるようになる。

―［ ウ ］の解答群―
⓪ N－1　　　　　　　　　① Mahou[retu,gyou]
② Mahou[retu－1,gyou－1]　③ Mahou[N,N]
④ Mahou[N－1,N－1]　　　⑤ 1

―［ エ ］・［ オ ］の解答群―
⓪ Mahou[i,i]　　　　　① Mahou[i+1,i+1]
② Mahou[N－i,i]　　　 ③ Mahou[N+i,i+1]
④ Mahou[N－1－i,i]　　⑤ Mahou[N－1－i,i+1]

【共通テスト2024　情報関係基礎】

**解答** ア：⓪　イ：①　ウ：①　エ：⓪　オ：④

**解説**　本問は、各列、各行、各対角線の和が等しくなるように正方形状に並べたものである魔法陣に関する問題です。問題文から第x列第y行の値がMahou[x, y]で表されることがわかります。第0行の和を求めるためには、Mahou[0, 0]、Mahou[1, 0]、Mahou[2, 0]を足し合わせることと同様に、第1行の和を求めるためには、Mahou[0, 1]、Mahou[1, 1]、Mahou[2, 1]を足し合わせることにより求められます。

このことを踏まえ、図2の手続きについて考えます。第retu列第gyou行の値を変数waに加えていくことから、(05)行目はwa + Mahou[retu, gyou]となることがわかります。

同様にして、図3を利用し、図4の手続きについて考えます。図3を用いて具体的に考えると、Mahou[0, 0]、Mahou[1, 1]、Mahou[2, 2]の和を求める必要があります。これと図4の(03)行目を踏まえて考える。変数iは0から2まで1ずつ増えるため、繰り返し処理を利用すると、wa + Mahou[i, i]をwaに代入していくことにより和が求められます。

これと同じように、左下がりの対角線について考えます。右下がりの対角線の時と同様に具体的に考えると、Mahou[2, 0]、Mahou[1, 1]、Mahou[0, 2]の和を考える必要があります。このことと、図4の(03)行目を踏まえて考える。変数iを利用し、Mahou[2, 0]、Mahou[1, 1]、Mahou[0, 2]の和を表現する。列に関しては2、1、0と順次減少しているため、「2 − i」となります。ただし、選択肢を見ると、Nを利用する必要があるため、2をN − 1と表すことにより、「N − 1 − i」となることがわかります。行に関しては、1、2、3と順次増加していることから、「i」となります。以上より、オに入る正答は「Mahou[N − 1 − i, i]」となります。

# 3-5 プログラミングの応用

| 0318 | プログラム内でデータを保持するために使われる記号を〔　　　〕といいます。 | 変数 |
| 0319 | 変数に値を設定する操作を〔　　　〕といいます。 | 代入 |
| 0320 | プログラムにおいて代入を行うときに利用する「＝」を〔　　　〕といいます。 | 代入演算子 |
| 0321 | コンピュータに対して特別な命令を出すときに利用するため変数名に設定できない文字列を〔　　　〕といいます。 | 予約語 |
| 0322 | プログラムの動作を条件に基づいて制御するための文を〔　　　〕といいます。 | 条件式 |
| 0323 | プログラムの構造を分かりやすくするために行頭に空白を入れることを〔　　　〕または〔　　　〕といいます。 | 字下げまたはインデント |
| 0324 | 同じ処理を繰り返し行うための構造文を〔　　　〕といいます。 | 繰り返し文 |
| 0325 | 同じ種類のデータを一つの変数でまとめて扱う構造を〔　　　〕または〔　　　〕といいます。 | 配列またはリスト |

## 過去問

**43.** 問2 次の文章を読み、空欄 [ カ ]・[ キ ]、[ ケ ]〜[ サ ] に入れるのに最も適当なものを、後の解答群のうちから一つずつ選べ。また、空欄 [ ク ] に当てはまる数字をマークせよ。

Nが奇数であれば、次の手順に従うとN次の魔方陣を作成できることが知られている。
- まず、図5 (a) に示すように、一番下の行の中央に1を記入する。
- 2以降の数zについては、基本的に、その前にz−1を記入したマスの右下のマスに記入する。
  - ただし、右下のマスが表の外側になるとき、下にはみ出る場合は一番上の行に、右にはみ出る場合は一番左の列に回り込む。右にも下にもはみ出る場合は、第0列第0行に回り込む。
  - 記入しようとするマスにすでに数が記入されていた場合は、z−1を記入したマスの一つ上のマスに記入する。

この手順を用いて3次の魔方陣を作成する。2を記入するときに下にはみ出るので、一番上の行に回り込む（図5 (b)）。これは9を記入するときも同様である。また、3を記入するときに右にはみ出るので、一番左の列に回り込む（図5 (c)）。これは8を記入するときも同様である。さらに、4を記入するときに3の右下のマスが埋まっているので、3の上のマスに記入する（図5 (d)）。なお、7を記入するとき、6の右下のマスは、右にも下にもはみ出るので、第0列第0行に回り込むが、すでに4が記入されているので、6がある第2列第2行の上のマスに記入する。完成形が図5 (e) である。

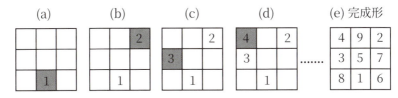

図5　3次の魔方陣の作成手順

この作成方法を手続きとしたものが図6である。配列Mahouに、作成する魔方陣のマスの値を格納していく。Mahou[x,y]の値が0のときは、そのマスは未記入であることを表している。最初に記入するマスの場所を$N$を用いて表すと、第［ カ ］列、第［ キ ］行となり、**(03)**行目で格納している。なお、$a\%b$は、$a$を$b$で割った余りを求める演算である。

この手続きを実行すると、**(06)**行目は［ ク ］回実行される。

```
(01) 配列Mahouのすべての要素に0を代入する
(02) N←3
(03) x←[ カ ]、y←[ キ ]、Mahou[x,y]←1
(04) zを2からN×Nまで1ずつ増やしながら、
(05)     もしMahou[(x+1)%N,(y+1)%N]=0ならば
(06)        x←[ ケ ]、y←[ コ ]
(07)     を実行し、そうでなければ
(08)        [ サ ]
(09)     を実行する
(10)     Mahou[x,y]←z
(11) を繰り返す
```

図6　3次の魔方陣を作成する手続き

［ カ ］・［ キ ］の解答群
⓪ 0　　　　　　　① N　　　　　　② N−1
③ N+1　　　　　④ (N−1)÷2　　⑤ (N−1)%2

［ ケ ］・［ コ ］の解答群
⓪ x−N　　　　　① x+N　　　　　② x%N
③ (x+1)%N　　　④ y−N　　　　　⑤ y%N
⑥ (y+1)%N　　　⑦ x+y−1

［ サ ］の解答群
⓪ x←y　　　　　　　　① y←x　　② x←x+1
③ x←x−1　　　　　　④ y←y+1　⑤ y←y−1
⑥ x←x+1、y←y+1　　⑦ x←x−1、y←y−1

## 過去問

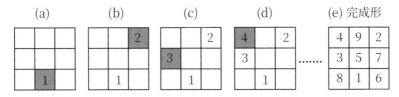

**解答** カ：④　キ：②　ク：⑥　ケ：③　コ：⑥　サ：⑤

**解説** 本問は、まず問題文にある具体例とともに、ルールをしっかり理解し、ルールと同じ内容をプログラムで表すことが重要です。例えば、「2以降の数zについては、基本的に、その前にz−1を記入したマスの右下のマスに記入する」について、z−1を記入した場所がMahou[x，y]だとすると、右下のマスはMahou[x+1，y+1]になります。はみ出ているかどうかは、x+1, y+1がそれぞれ3を超えているかどうかで判断できます。この際に、3を超えているかどうかを判断するのではなく、x+1やy+1を3で割った余りを考えることにより、3を超えている場合、回り込むようにプログラムを記述することができます。

　これらを踏まえて、プログラムを考えていきます。初めに、最初に記入するマスについて考えます。問題文にあるように「一番下の行の中央に1を記入」とあるため、3×3の魔法陣の場合、Mahou[1, 2]に1を記入します。Nを用いて表すと、Mahou[(N−1)÷2, N−1]と表すことができます。

続いて、図6の(06)行目の実行回数について、(05)行目を見ると、Mahou[(x+1)%N, (y+1)%N]＝0とあることから、右下のマスに記入しようとして、はみ出る場合は、回り込むことを考え、その位置の数字が0かどうかの条件分岐を行っていることがわかります。図5のように順を追って、考えていくと、繰り返し処理の条件である2から3×3 (9)までの8つの数字のうち数字の「4」「7」は右下(回り込む場合も含む)のマスに既に記入があるため、前の数字の上に記入しています。このため(06)行目を実行した回数は、8−2=6回とわかります。なお、前の数字の上に記入する場合は、図6の手続きの(08)行目に当たります。

これらのことから、(06)行目では、右下(回り込む場合も含む)のマスに記入が可能の場合であるため、xには「(x+1)%N」、yには「(y+1)%N」を代入すればよいことがわかります。また、(08)行目では、右下のマスに記入ができなかった場合であるため、前の記入したマスの上のマスに記入する必要があります。このため、yに「y−1」を代入すればよいことがわかります。

**3**

コンピュータとプログラミング

| 0326 | 変数を識別するための名前を ☐ といいます。 | 変数名 |
|---|---|---|
| 0327 | 配列内の特定の要素を指定するための番号を ☐ または ☐ といいます。 | 添字またはインデックス番号 |
| 0328 | 特定の処理をまとめて再利用できるようにしたプログラムの単位を ☐ といいます。 | 関数 |
| 0329 | 関数に渡す入力値を ☐ といいます。 | 引数 |
| 0330 | 関数が返す結果を ☐ といいます。 | 戻り値 |

# 3-6 探索のアルゴリズム

| 0331 | データを一つずつ順番に調べていく探索方法を ☐ といいます。 | 線形探索 |
|---|---|---|
| 0332 | 特定のデータを見つけるための手法を ☐ といいます。 | 探索 |
| 0333 | データを半分に分割して効率的に探索する方法を ☐ といいます。 | 2分探索 |

過 去 問 ▷

**44.** 問3　次の文章を読み、空欄 [ シ ] ～ [ ソ ] に入れるのに最も当なもの
を、後の解答群のうちから一つずつ選べ。また、空欄 [ タ ] に当てはまる
数字をマークせよ。

　問2の手順に従って、Nの値が3より大きい魔方陣を作成した。これが正し
い魔方陣になっていることを検証したい。そのために作成した手続きの一部
が、図7・図8である。問1では各列や各行、各対角方向の和を表示するのみ
であったが、ここではそれらが同一であることを手続き内で検証する。図7で
は、変数hantei_waと変数batuを用いて配列Mahouの各行の和が一致する
ことを検証する。hantei_waには最初の行の和を格納し、以降の行の和がこ
れと一致しない場合はbatuの値を1とする。最終的にbatuの値に応じてメッ
セージを表示する。なお、各列の和や対角方向の和についても同様に検証でき
る。

　図8は、配列Mahouに1から、N×Nまでのすべての数が重複なく入ってい
ることを検証する手続きである。ここでは、一次元配列Kakuninを用いてい
る。また、図7と同じ用途で変数batuを用いている。

```
(01)  hantei_wa←0、batu←0
(02)  gyouを0からN－1まで1ずつ増やしながら、
(03)  │     wa←0
(04)  │     retuを0からN－1まで1ずつ増やしながら、
(05)  │  │     wa←wa＋Mahou[retu,gyou]
(06)  │     を繰り返す
(07)  │     もし [ シ ] ならばhantei_wa←waを実行する
(08)  │     [ ス ]
(09)  を繰り返す
(10)  もしbatu＝1ならば「魔方陣ではありません！」を表示し、
       そうでなければ「各行の和は一致しました」を表示する
```

図7　各行の和が一致することの検証

┌ [ シ ] の解答群 ─────────────
│  ⓪　retu＝0　　　　　①　wa＝0
│  ②　hantei_wa＝0　　③　wa＝hantei_wa

3

コンピュータとプログラミング

137

| (01) | 配列 Kakunin のすべての要素に 0 を代入する |
|---|---|
| (02) | batu←0 |
| (03) | gyou を 0 から N−1 まで 1 ずつ増やしながら、 |
| (04) | retu を 0 から N−1 まで 1 ずつ増やしながら、 |
| (05) | Kakunin[［ セ ］]を 1 増やす |
| (06) | を繰り返す |
| (07) | を繰り返す |
| (08) | i を 1 から N×N まで 1 ずつ増やしながら、 |
| (09) | もし［ ソ ］ならば batu←［ タ ］を実行する |
| (10) | を繰り返す |
| (11) | もし batu＝1 ならば「魔方陣ではありません！」を表示し、そうでなければ「数の重複はありませんでした」を表示する |

図8 すべての数が重複なく入っていることの検証

┌─［ ス ］の解答群 ─
⓪ もし wa≠hantei_wa ならば batu←1 を実行する
① もし wa≠hantei_wa ならば batu←1 を実行し、
　　そうでなければ batu←0 を実行する
② もし wa＝hantei_wa ならば batu←0 を実行する
③ もし wa＝hantei_wa ならば batu←0 を実行し、
　　そうでなければ batu←1 を実行する

┌─［ セ ］の解答群 ─
⓪ N　① N−1　② retu＋gyou
③ Mahou[retu,retu]　④ Mahou[retu,gyou]
⑤ Mahou[gyou,gyou]　⑥ gyou×N＋retu

┌─［ ソ ］の解答群 ─
⓪ Kakunin[i]＞0　① Kakunin[i]＝1　② Kakunin[i]＝2
③ Kakunin[i]≠1　④ Kakunin[i]＝N

【共通テスト2024　情報関係基礎】

**解答** シ：② ス：⓪ セ：④ ソ：③ タ：①

**解説** 本問では、正しい魔法陣になっているかどうかの検証を行うプログラムを考えています。正しい魔法陣、つまり各行、各列、各対角線の和が全て一致していること、かつN次の魔法陣の場合、1からN×Nまでのすべての数が重複なく記入されていることを確認する必要があります。問題の図7は各行が一致することを検証する手続き、図8は全ての数が重複なく記入されていることを検証する手続きとなっています。

まず、図7について考えます。本来は行、列、対角線について考える必要がありますが、図7では行について考え、同様にして列、対角線も考えることができるため、行のみについて扱っています。まず、hantei_waに1行目の和の値を入れ、これを基準に判定をしていっています。(04)行目から(06)行目で1行分の和を求めていることから、(07)行目では、1行目のとき、つまりhantei_waに値が格納されていない（0が格納されている）ときにhantei_waに1行目の和waを代入する必要があります。したがって、シの正答は②となります。

続いて、(08)行目では、1行目以外の行の和の値と1行目の和(hantei_wa)との比較を行う必要があります。もしこの際に、hantei_waと異なるようであれば、batuに1を代入する必要があります。したがって、スの正答は⓪となります。

次に、図8について考えます。図8は全ての数が重複なく入っていることの検証を行っています。これは配列を利用して、利用されている値の添字の部分の数値に1を加えることによって判定を行っています。このため、(05)行目では、Kakunin配列のMahou[retu, gyou]の位置の値を1増やします。したがってセの正答は④となります。これによって、1の値ではない場合、利用されていない、または重複していることの判断ができます。この判断を(08)行目から(09)行目で行っています。(09)行目では、上記に記載したように「Kakuninの配列の値が1ではない場合、魔法陣が完成していない」と判断できるため、batuに1を代入する必要があります。したがって、ソの正答は③、タの正答は①となります。

139

| 0334 | データを順序に従って並び替える操作を □□□ といいます。 | ソート |
|------|---|---|
| 0335 | データを順番に並べることを □□□ といいます。 | 整列 |
| 0336 | 小さい値から大きい値の順に並べることを □□□ といいます。 | 昇順 |
| 0337 | 大きい値から小さい値の順に並べることを □□□ といいます。 | 降順 |
| 0338 | 最小値または最大値を選んで並べ替えるソート方法を □□□ といいます。 | 選択ソート |
| 0339 | 隣り合うデータを比較して並べ替えるソート方法を □□□ といいます。 | バブルソート |

## 3-7 整列のアルゴリズム

| 0340 | データを順序に従って並び替えるアルゴリズムのことを □□□ といいます。 | 整列 |
|------|---|---|
| 0341 | 複数のデータの中から目的のデータを探すアルゴリズムのことを □□□ といいます。 | 探索 |

140

過去問 ▶

**45.** コンピュータに問題の解決をさせるためには、データをどのように処理すれば良いかという手順を考える必要がある。この手順のことを［　ア　］といい、コンピュータが処理できるよう［　ア　］を記述することをプログラミングという。

　並べ替えの［　ア　］で典型的なものとしては交換法（バブルソート）がある。この手順の例として、並んでいる数値データを先頭から小さい順に並べ替える際の手順をあげる。並んでいる数値データを先頭から二つデータを取り出して前後で大小を比較し、前の方が大きければ前後を入れ替える。この入れ替える操作を手順1とする。その次は、先頭から2番目と3番目を取りだして同じことをする。そうして、一つずつ順番にずらして、手順1を最後尾まで繰り返していくことを手順2とする。手順2を1度行うと、最後尾には最も大きい数値が格納される。今度は、最も大きい数値が格納されている最後尾を除外して手順2を行うと、2番目に大きい数値が最後尾の一つ手前に格納される。これを手順3とする。手順3を繰り返して先頭から2番目を除外するまで続けるとデータが先頭から小さいものから順に並べ替えられた状態になる。

問1　空欄［　ア　］に入る最も適切な言葉を選択肢の中から選び、その番号をマークしなさい。

選択肢
① データベース　② インターネット　③ アルゴリズム　④ グラフ

問2　以下の実行前データがあったとき、手順2を1回のみ実行して完了した場合に正しいデータを選択肢の中から選び、その番号をマークしなさい。
［　イ　］

実行前データ
4 6 1 3 5

選択肢
① 4 1 3 5 6　② 1 3 4 5 6
③ 6 4 1 3 5　④ 6 5 4 3 1

【武蔵野大学全学部統一ー2022】

**解答** ア：③　イ：①

**解説** アルゴリズム (algorithm) とは、ある問題を解決するための具体的な「手順」のことを指します。プログラムは、このアルゴリズムをコンピュータが理解できる形で記述したものです。

初期データが「4 6 1 3 5」で、これに対して手順2（いわゆるバブルソートで1回の"外側のループ"を回すこと）を「1回のみ」実行したときの最終データは「4 1 3 5 6」となります。

バブルソートは、隣り合うデータを比べて順番が逆なら入れ替える（交換する）操作を、何度も繰り返すことで全体を並べ替えるアルゴリズムです。"バブル"（泡）という名前がついているのは、最も大きい（もしくは小さい）値が「泡のように」端へ移動していく様子になぞらえているから、という由来があります。

ここで、手順2を1回のみ行う、つまり"バブルソートで 最初の1周だけ"通してみましょう。

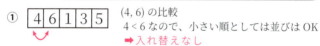

① [4 6 1 3 5]　(4, 6) の比較
　　　　　　　　4＜6 なので、小さい順としては並びは OK
　　　　　　　　➡入れ替えなし

② [4 6 1 3 5]　(6, 1) の比較
　　　　　　　　6＞1 なので、順番が逆　➡入れ替え

③ [4 1 6 3 5]　(6, 3) の比較
　　　　　　　　②の入れ替えによって「6」が「3」の手前に来ています
　　　　　　　　6＞3 なので、順番が逆　➡入れ替え

④ [4 1 3 6 5]　③の入れ替えで「6」が「5」の手前に来ています
　　　　　　　　6＞5 なので、順番が逆です　➡入れ替え

⑤ [4 1 3 5 6]　最初の1周 (手順2) が終了しました

# 語 句 が 繋 がる

　情報科学や工学分野では、現実の問題を「モデル」を用いて表現し、それをもとに「シミュレーション」を行うことで、問題解決を図ることがあります。モデルとは、現実の一部を抽象化して表現したものであり、さまざまな種類があります。「物理モデル」は現実の物体を再現する実体的なモデルで、「論理モデル」は概念や動作を論理的に表現するものです。また、「実物モデル」は現実の対象をそのまま模したもので、状況に応じて「拡大モデル」や「縮小モデル」として使われます。

　数式やグラフで表現される「数式モデル」や「図的モデル」もあります。数式モデルでは、数式を使って現象を定量的に表します。一方、図的モデルは視覚的に情報を示し、直感的な理解がしやすくなります。さらに、未来の予測に役立つ「確率的モデル」や、予測に揺るぎがない「確定的モデル」など、目的に応じて異なるモデルが使われます。

　また、モデルは変化を含むかどうかで「動的モデル」と「静的モデル」に分類されます。動的モデルは時間の経過に伴って変化する現象を表し、静的モデルは時間に依存しない固定された状況を表現します。シミュレーションにおいて、予測や分析に「乱数」が利用されることもあり、ランダム性が結果に影響を与えるモデルを構築できます。

　これらのモデルを活用する際、プログラムの効率を上げるために「モジュール」や「組み込み関数」が役立ちます。モジュールは、特定の機能をまとめたプログラムの部品で、他のプログラムで再利用可能です。組み込み関数はプログラムに標準で備わっている関数で、乱数の生成や計算など多様な機能が揃っています。こうしたツールを活用することで、モデルのシミュレーションが効率的に実行され、現実世界の問題解決に繋がります。

# 3-8 乱数を利用したシミュレーション

**0342** ある現象やシステムを模擬して実験するために、その特徴を抽出して作り出した模倣物を ☐ といいます。

モデル

**0343** ある対象の特徴を抽出して、それを模倣することを ☐ といいます。

モデル化

**0344** コンピュータを使って現実の現象を模擬することを ☐ といいます。

シミュレーション

**0345** 実際の物理的な特性を持つモデルを ☐ といいます。

物理モデル

**0346** 論理的な関係を示すモデルを ☐ といいます。

論理モデル

**0347** 実物の寸法や形状を模倣した模型を ☐ といいます。

実物モデル

**0348** 実物よりも大きくしたモデルを ☐ といいます。

拡大モデル

**0349** 実物よりも小さくしたモデルを ☐ といいます。

縮小モデル

**46.** 移動距離のモデル化についての下記の文章を読み、次の各問い(問1～問4)に答えなさい。

以下の図1は、武蔵野大学の武蔵野キャンパスと有明キャンパスをつなぐ交通網の一部を抽出してグラフとしてモデル化したものである。武蔵野キャンパスと有明キャンパス以外のノード(頂点)は駅を、ノード間をつなぐエッジ(辺)の近くに書いてある数字は、ノード間を移動するのにかかる時間(分)を表している。

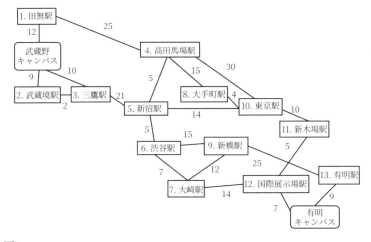

図1

問1 以下の空欄[ ア ]～[ ク ]に入る数を選び、マークしなさい。

なおここでは仮定として、駅を通過する際にかかる時間や待ち時間は無く、所要時間はエッジに割り当てられた数値の足し算で決まるものとする。

・新宿駅から武蔵野キャンパスへの最短所要時間は[ ア イ ]分である。
・高田馬場駅から武蔵野キャンパスへの最短所要時間は[ ウ エ ]分である。
・渋谷駅から有明キャンパスへの最短所要時間は[ オ カ ]分である。
・東京駅から有明キャンパスへの最短所要時間は[ キ ク ]分である。

問2　武蔵野キャンパスを出発点、有明キャンパスを到着点として、所要時間が最短になるように移動した場合の経路を、駅名の前に付いている番号を順に並べることで示しなさい。解答は［　ケ　］～［　テ　］を用いて左詰めで記入し、解答欄の余った部分には0をマークしなさい。
（例：3、三鷹駅と5、新宿駅と13、有明駅の3つだけを通った場合は、
「3、5、13、0、0、0、0、0、0、0」とする）

問3　以下の空欄［　ト　］～［　ヌ　］に入る数を選び、マークしなさい。

　　仮定として、グラフ上の駅を通過する度に所要時間として2分加算されることとする。出発点となる駅でかかる時間は0分とする。

・新宿駅から武蔵野キャンパスへの最短所要時間は［トナ］分である。
・高田馬場駅から武蔵野キャンパスへの最短所要時間は［ニヌ］分である。

問4　武蔵野大学の学生になったとして、キャンパスに通うのに良い居住地について考える。年間80日は有明キャンパスに、20日は武蔵野キャンパスに通うと仮定する。このとき、移動時間の年間での合計がもっとも少なくなるグラフ上の駅はどこかを考える。駅を通過する際にかかる所要時間は0とする。移動時間が最も少なくなるグラフ上の駅の番号を、二桁の場合はそのまま、一桁の場合は頭に0をつけて答えよ（例：1. 田無駅であれば、「01」と解答）。
［　ネノ　］

【武蔵野大学全学部統一一2023】

146

**解答** 問1　アイ：31　ウエ：36　オカ：28　キク：22
　　　問2　ケ，コ，サ，シ，ス，セ，ソ，タ，チ，ツ，テ：3,5,6,7,12,0,0,0,0,0,0
　　　問3　トナ：33　ニヌ：39
　　　問4　ネノ：12

**解説** 本問は、モデル化された交通網のグラフから最短時間を計算する問題です。

問1

新宿駅から武蔵野キャンパスまでの最短所要時間は、新宿駅→三鷹駅→武蔵野キャンパスと移動すればよいため、21+10＝31（分）です。高田馬場駅から武蔵野キャンパスへの最短所要時間について、高田馬場駅→田無駅→武蔵野キャンパスと移動すると、25+12＝37（分）、高田馬場駅→新宿駅→三鷹駅→武蔵野キャンパスと移動すると、5+21+10＝36（分）となり、後者の方が短いため、正答は36分です。渋谷駅から有明キャンパスまでの最短所要時間は、渋谷駅→大崎駅→国際展示場駅→有明キャンパスと移動すればよいため、7+14+7＝28（分）です。東京駅から有明キャンパスへの最短所要時間は、東京駅→新木場駅→国際展示場駅→有明キャンパスと移動すればよいため、10+5+7＝22（分）です。

問2

問1より武蔵野キャンパスから新宿駅までの最短所要時間は武蔵野キャンパス→三鷹駅→新宿駅で31分、また渋谷駅から有明キャンパスまでの最短所要時間は、渋谷駅→大崎駅→国際展示場駅→有明キャンパスの28分、新宿駅から渋谷駅まで5分であるため、合計31+5+28＝64分が最短所要時間です。これを経由した駅の番号を順番に並べると、「3→5→6→7→12」となります。したがって、ケ～テの正答は、「3,5,6,7,12,0,0,0,0,0,0」となります。

問3

新宿駅から武蔵野キャンパスへの最短所要時間は問1と同様に新宿駅→三鷹駅→武蔵野キャンパスであり、途中で三鷹駅のみ経由するため2分加算すると、31+2＝33（分）です。また、高田馬場駅から武蔵野キャンパスへの最短所要時間は、問1とは異なり、経由した駅で2分加算されることを考えると、高田馬場駅→田無駅→武蔵野キャンパスで37+2＝39（分）となります。

問4

多くの日数が有明キャンパスへ通うことを考えると、有明キャンパスにはできるだけ近く、武蔵野キャンパスは遠いが、できるだけ最短で行ける場所を考える。有明キャンパスに近い最短所要時間の駅は「国際展示場駅」であり、新宿駅まで行くにも最短所要時間で行くことができるため、最適だと考えられます。

| | | |
|---|---|---|
| 0350 | 物理現象を数式で表現したモデルを　　　　といいます。 | 数式モデル |
| 0351 | データを視覚的に表現するためのモデルを　　　　といいます。 | 図的モデル |
| 0352 | サイコロの出目のような不規則な動作をする現象のためのモデルを　　　　といいます。 | 確率的モデル |
| 0353 | 日時や季節の変化のように、一定の条件下で将来の状態があらかじめ決まっている現象のモデルを　　　　といいます。 | 確定的モデル |
| 0354 | レジに並ぶ時間のような時間的な変化に影響されるモデルを　　　　といいます。 | 動的モデル |
| 0355 | 建築図面のような時間の変化の影響を受けないモデルを　　　　といいます。 | 静的モデル |
| 0356 | 予測やシミュレーションに使用するために、特定の範囲内でランダムに生成される数値を　　　　といいます。 | 乱数 |
| 0357 | プログラムの特定の機能を分離して、独立して使用できるようにした単位を　　　　といいます。 | モジュール |
| 0358 | プログラミング言語において、あらかじめ用意されたひとまとまりの処理を　　　　といいます。 | 組み込み関数 |

## 過去問

**47.** 右図のような図的モデルを用いて、外出する際の行動を表現した。外出する際に雨が降っているかどうかによって傘を持っていくか否かの判断をしようと考えた。

問1　この場合の右図の図的モデルのア～ウに入るものとして最も適当なものを、次の⓪～④からそれぞれ一つずつ選べ。

⓪　外は雨が降っている
①　傘を持っていく
②　傘を持って行かない
③　外の状況を確認する
④　雨が止むまで繰り返す

問2　このような図的モデルの名称として最も適当なものを、次の⓪～③から一つ選べ。

⓪　データベース　　　①　樹形図
②　フローチャート　　③　ピクトグラム

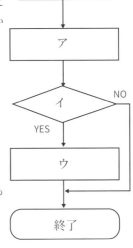

【オリジナル問題】

**解答**　問1　ア：③　　イ：⓪　　ウ：①
　　　　問2　②

**解説**　まず、雨が降っているかどうかの確認をするために、外の状況を確認する必要があります。次に、分岐処理が入っているため、雨が降っているか確認します。ここで雨が降っている（YES）場合は、傘を持っていく、雨が降っていない（NO）場合はその必要はないため、傘を持っていく処理は行いません。このような図的モデルを「フローチャート（流れ図）」といいます。

# 第 4 章

# 情報通信ネットワークとデータの活用

# 藤原進之介の共通テスト解説

> ## データの分析ではこれが出題！ ▷

第4問　次の文章を読み、後の問い（問1〜4）に答えよ。（配点25）

　旅行が好きなUさんは、観光庁が公開している旅行・観光消費動向調査の
データのうち、2019年の結果を用いて、さまざまな観点で旅行に関する実態
を分析してみることにした。なお、以下では延べ旅行者数を旅行者数と呼ぶ。
　表1には地方ごとにその地方を主な目的地として宿泊旅行をした旅行者数が
まとめられている。また、この表では、旅行の目的を出張等、帰省等、観光等
の三つに分け, それぞれの旅行者数とその合計が集計されている。

表1　地方ごとの旅行者数と旅行目的別の内訳（抜粋）

| 番号 | 地方 | 旅行者数（千人） | | | |
|---|---|---|---|---|---|
| | | 出張等 | 帰省等 | 観光等 | 合計 |
| 1 | 北海道 | 3652 | 5052 | 9768 | 18472 |
| 2 | 東北 | 6161 | 9410 | 12365 | 27936 |
| 3 | 関東 | 14401 | 19138 | 45943 | 79482 |
| 10 | 沖縄 | 662 | 1127 | 5446 | 7235 |

問1　次の文章を読み。空欄 [ ア ]〜[ エ ]に入れるのに最も適当なも
のを、後の解答群のうちから一つずつ選べ。ただし、空欄 [ ウ ]・[ エ ]
の解答の順序は問わない。

　Uさんは、表1を見せながら, T先生に相談した。

Uさん：　この表からわかる情報を把握しやすくするために、グラフを作ろう
　　　　　と思っています。
T先生：　グラフを作る前に表の各項目の尺度水準を確認してみましょう。地
　　　　　方については、どの尺度水準だと思いますか。
Uさん：　郵便番号などと同じで, [ ア ]だと思います。
T先生：　そうですね。では、番号と地方以外の項目については, どうでしょ
　　　　　うか。
Uさん：　これらの項目は旅行者数を示すので, [ イ ]でしょうか。

```
┌─── [ ア ]・[ イ ]の解答群 ─────────────────────────────┐
│                                                                  │
│   ⓪   比例尺度      ①   間隔尺度      ②   順序尺度      ③   名義尺度   │
└──────────────────────────────────────────────────────────────────┘
```

【共通テスト　2025　情報Ⅰ】

**解答**　ア　③

**解説**　郵便番号や都道府県名は、大小関係などが存在せず、値が同じか異なるかだけでしか
比較できない尺度です。したがって、"地方"項目の尺度水準は「名義尺度」です。

**解答**　イ　⓪

**解説**　旅行者数は、その差や比率に対して意味を持ちます。
（例）旅行者数が昨日より1000人少ない、旅行者数が去年の3倍、など
したがって、"旅行者数"項目の尺度水準は「比例尺度」です。

## 共通テストでは これ が出る！

知識問題はわずか3題しか出題されませんでした。しかし、その3題は知識問題として解きやすい問題とは限りません。実際、2025年1月の共通共通テスト情報Ⅰでは「デジタル署名」「IPアドレス枯渇問題」「名義尺度」のような細かい知識が出題されました。知識問題が少ないからといって専門用語の暗記を軽視せず、言葉の意味を理解しながら一通り暗記しておきましょう。

| データの種類 | 尺　度 | 例 |
|---|---|---|
| 質的データ | 名義尺度 | 他のものと区別や分類をするためのもの<br>血液型、性別など |
| | 順序尺度 | 順序や大小に意味があるもの<br>学年、教育水準など |
| 量的データ | 間隔尺度 | データとデータの間隔に意味があるもの<br>偏差値、温度、西暦など |
| | 比例尺度 | 原点があり、データ間の比を求められるもの<br>身長、速度、距離など |

## 語 句 が 繋 がる

　現代の「インターネット」は、世界中の人々をつなぐ大規模な「情報通信ネットワーク」です。インターネットを構成する基本的な仕組みとして、「コンピュータネットワーク」があり、その中には「LAN」や「WAN」などが含まれます。LAN（ローカルエリアネットワーク）は、家庭やオフィスなどの狭い範囲を対象としたネットワークで、一方、WAN（広域ネットワーク）は、より広範囲をカバーします。

　ネットワーク内では、「ハブ（集線装置）」や「ルータ」が重要な役割を担っています。ハブはデバイス同士を接続し、ルータは異なるネットワーク間でデータを転送するために「ルーティング」を行います。インターネット接続には「プロバイダ（ISP）」が必要で、これにより外部ネットワークとの接続が可能になります。ネットワークの接続方式には「有線LAN」と「無線LAN」があり、無線LANは「Wi-Fi」として広く利用されています。「イーサネット」は有線接続に用いられる一般的な「通信規格」の一つです。

　ネットワークの接続形態には、デバイスの接続方法に応じて「バス型」「スター型」「メッシュ型」などがあります。たとえば、スター型は中央のハブを中心に接続し、メッシュ型は複数のデバイスが互いに接続し合う構造です。また、「クライアントサーバ型」や「P2P型」もあり、クライアントサーバ型では「サーバ」が「クライアント」にサービスを提供します。P2P型では、デバイス同士が対等に通信し合う仕組みです。

　ネットワークの各端末は、「アクセスポイント」を通じて接続され、データは「通信回路」を通じて「伝送」されます。データの伝送速度は「BPS（ビット毎秒）」で表され、伝送速度が高いほどデータが素早く送受信されます。現在、「5G（第5世代移動通信システム）」の普及が進んでおり、これにより超高速の通信が可能になっています。

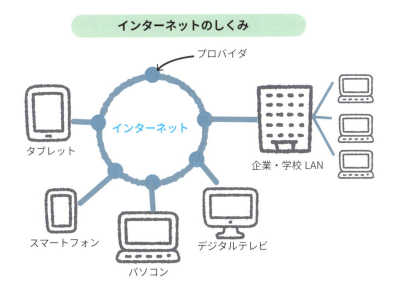

**インターネットのしくみ**

# 第 4 章 情報通信ネットワークとデータの活用

## 4-1 情報通信ネットワーク

**0359**
世界中のコンピュータを接続して情報をやり取りするネットワークを ☐ といいます。

インターネット

**0360**
コンピュータや通信機器を使って情報をやり取りするシステムを ☐ といいます。

情報通信
ネットワーク

**0361**
コンピュータ同士が接続されて情報をやり取りするシステムを ☐ といいます。

コンピュータ
ネットワーク

**0362**
同じ建物の中など、地理的に近い範囲で構築されるネットワークを ☐ といいます。

LAN

**0363**
地理的に広い範囲で構築されるネットワークを ☐ または ☐ といいます。

WAN または
広域ネットワーク

**0364**
複数の機器を一つのネットワークに接続し、それらの間でデータを中継する役割を持つ機器を ☐ または ☐ といいます。

ハブまたは
集線装置

**0365**
異なるネットワークどうしを接続し、データを転送するための機器を ☐ といいます。

ルータ

**0366**
データの送受信経路を決定することを ☐ といいます。

ルーティング

156

過 去 問 ▷

**48.** （問3） 公共の場で不特定多数の人々に提供される無線LANサービスに関する記述として最も適切なものを、次の①〜⑤の中から1つ選び、その番号を解答欄にマークしなさい。

① 無線LANに接続する際、暗号化のためのキーを必要としない場合も、電子メールアドレスを登録して利用する方式のサービスでは、メールアドレスをキーとしてインターネットの通信が自動的に暗号化される。

② 端末の「接続可能な無線LANに自動接続する機能」を有効にしておくと、知らない間に悪意ある人の設置したアクセスポイントに接続する危険性がある。

③ 無線LANを不特定多数の人々に提供する際には、事前に市町村に届出をするよう義務づけられている。

④ 無線LANを利用する際、WPA/WPA2などの暗号化方式を選んで接続すれば、インターネットの通信が暗号化される。

⑤ 無線LANを利用する際、何らかの暗号化方式を使えば、どのIPアドレスとどのような通信をしたかも秘匿される。

【明治大学情報コミュニケーション学部2017】

**解答** ②

**解説** ①に関しては、暗号化キーを必要としない場合で、メールアドレスを登録する方式では、通信が暗号化されることはありません。③に関しては、無線LANを提供する際に市町村に届け出をする必要はありません。④に関しては、無線LAN接続の暗号化を行いますが、インターネットの通信が暗号化されるわけではありません。⑤に関しては、暗号化方式を利用しても、IPアドレスや通信内容が秘匿されるわけではありません。

4 情報通信ネットワークとデータの活用

| 0367 | インターネット接続サービスを提供する事業者を[ ]または[ ]といいます。 | プロバイダまたはISP |
|---|---|---|
| 0368 | ケーブルを使って複数のコンピュータを繋いでネットワークを構築している仕組みを[ ]といいます。 | 有線LAN |
| 0369 | ケーブルを使わず無線で複数のコンピュータを繋いでネットワークを構築している仕組みを[ ]といいます。 | 無線LAN |
| 0370 | 無線LANの規格の一つで、一般的に使われるものを[ ]といいます。 | Wi-Fi |
| 0371 | コンピュータネットワークで一般的に使用される有線接続の規格を[ ]といいます。 | イーサネット |
| 0372 | データの送受信を行うための規則を[ ]といいます。 | 通信規格 |
| 0373 | 一つの通信回線に複数の端末を接続するネットワークの構成を[ ]といいます。 | バス型 |
| 0374 | 中央のハブに各端末を接続するネットワークの構成を[ ]といいます。 | スター型 |
| 0375 | 各端末が相互に接続されるネットワークの構成を[ ]といいます。 | メッシュ型 |

過 去 問 ▷

**49.** 先輩：やあ、元気だったかい。一年ぶりだね。こんなところでパソコンを広げて、課題レポートでも書いているのかい。

後輩：先輩こんにちは、ご無沙汰してます。明日までに提出しなきゃいけない課題レポートをやってるんですよ。ここみたいなカフェは無料のWi-Fiがあって便利ですからね。

先輩：でもWi-Fiは盗聴の危険もあるから気を付けた方がいいよ。このカフェのWi-Fiの場合、壁に貼ってあるSSIDと暗号化キーを利用者全員が共有しているよね。この場合、同じSSIDと暗号化キーが設定された［　サ　］に接続していれば、相応の技術をもった人になら、Wi-Fiの通信が暗号化されていても復号される可能性があるよ。

> SSID　　　　　：cafefree
> 暗号化キー　　：Japan2023!

後輩：盗聴の危険性については聞いたことがありますよ。だから、普段からhttpsで接続できるサイトだけにアクセスするようにしてます。httpsで接続していれば［　シ　］から安心なんですよね。

――［　サ　］の解答群――
⓪　アクセスポイント　　①　DNS
②　Webサーバ　③　クラウドサービス

――［　シ　］の解答群――
⓪　通信データの宛先が暗号化されている
①　セキュリティホールを修復することができる
②　ブラウザなどからWebサーバまでの通信内容が暗号化されている
③　接続先のサーバが信頼できる組織のサーバであることを認証できる

【共通テスト2023　情報関係基礎】

**解答**　サ：⓪　シ：②

**解説**　Wi-Fiに接続するためには、「アクセスポイント」という場所に接続します。そこで、SSIDとパスワードを入力すれば接続が可能になります。ただし、誰でも接続できる公共施設などのFree Wi-Fiに接続する際は、他人に情報を盗み見られる可能性もあるため注意が必要です。その際にhttpsで接続することにより、ブラウザを利用したアクセスの際に暗号化されるため盗聴される可能性が低くなります。

159

| 0376 | クライアントがサーバーに対してリクエストを送り、サーバがそのリクエストに応答するシステムを□または□といいます。 | クライアントサーバ型またはクライアントサーバシステム |
|---|---|---|
| 0377 | 各端末が直接通信を行うネットワークの構成を□といいます。 | P2P型 |
| 0378 | 無線LANのネットワーク内で、無線信号を送受信するための機器を□といいます。 | アクセスポイント |
| 0379 | サービスを提供するコンピュータを□といいます。 | サーバ |
| 0380 | サービスを利用するコンピュータを□といいます。 | クライアント |
| 0381 | データの送受信を行うための物理的な回線を□といいます。 | 通信回線 |
| 0382 | データをある場所から別の場所へ送ること、つまり情報を伝えることを□といいます。 | 伝送 |
| 0383 | データの伝送速度を表す単位を□といいます。 | BPS |
| 0384 | データの転送速度を□といいます。 | 伝送速度 |

## 過 去 問 ▶

**50.** インターネットでは、接続されたPC等の機器が［　I　］［　J　］システムという役割分担にもとづいて運用されていることが多い。WWWを閲覧する場合、利用者はブラウザを用いるが、利用者が使うPC等の機器が［　I　］、［　I　］からのリクエストを受けるものが［　J　］となる。これに対し、ピアツーピアと呼ばれる接続形態は、機器の役割分担が［　I　］［　J　］システムのように区別されておらず、機器同士が対等の関係で接続されるものである。

問11　文中の空欄［　I　］にあてはまる語句としてもっとも適切なものを選べ。

① クライアント　② クラウド
③ ゲスト　④ サーバ
⑤ マスタ　⑥ プライマリ

問12　文中の空欄［　J　］にあてはまる語句としてもっとも適切なものを選べ。

① クライアント　　② クラウド
③ サーバ　　④ セカンダリ
⑤ スレーブ　　⑥ ホスト

【和光大学経済経営学部・表現学部・現代人間学部2021】

**解答**　I：①　J：③

**解説**　インターネットの接続方法には、ピアツーピアやサーバクライアントシステムがあります。サーバクライアントシステムでは、利用者をクライアントといいます。クライアントが接続する先をサーバといい、サーバはクライアントからのリクエストを受けながら様々なサービスを提供します。サーバには、Webサーバ、DNSサーバ、メールサーバなどがあります。

**4**
情報通信ネットワークと
データの活用

## 語句が繋がる

インターネットの通信には、「回線交換方式」と「パケット交換方式」の2つの方式が存在します。回線交換方式は、通信相手との間に専用の回線を確保してデータをやり取りする方法で、安定した通信が可能です。一方、「パケット交換方式」はデータを「パケット」と呼ばれる小さな単位に分割して送信する方式で、インターネットの基盤となっています。各パケットには送信先などの情報が含まれる「ヘッダ」が付与されるため、効率的な通信が実現されます。

また、データ通信のルールを定めた「プロトコル（通信プロトコル）」も欠かせません。たとえば「SMTP」はメール送信に用いられ、「HTTP」はウェブページの通信に利用されます。インターネットでは「インターネットプロトコルスイート」として「TCP/IP」などのプロトコル群が広く使われ、TCPはデータの信頼性を確保し、IPはパケットの送信先を決定します。

インターネットでデータを送受信する際には、さまざまなプロトコルが利用されます。その代表例が「TCP（Transmission Control Protocol）」と「UDP（User Datagram Protocol）」です。TCPとUDPはどちらもIP（Internet Protocol）の上で動作し、パケットを送る仕組みを提供しますが、役割や特徴が異なります。ここでは、音声や動画のストリーミング再生にUDPがよく使われる理由を、段階を踏んで詳しく見ていきましょう。

### TCP（Transmission Control Protocol）

- 通信相手との間で「コネクション（通信路）」を確立してからデータを送受信します。
- データがきちんと相手に届いたかどうかを確認し、順番どおりに並べ替える仕組みがあります。
- 途中でパケットが欠落・破損していた場合、再送を要求して正確なデータの受信を保証します。

**メリット**
データの信頼性が高い。

**デメリット**
再送・確認のためのやりとりが増え、通信がやや遅くなる可能性がある。

### UDP（User Datagram Protocol）

- コネクションを確立せず、データをひたすらパケットに分けて送るシンプルな仕組みです。
- パケットが届いたか、欠落していないかを確認することは基本的に行いません。
- 受信側は途中でパケットを受け取れなかったり順番が前後しても、そのまま処理を続行します。

**メリット**
送信速度やリアルタイム性を重視できる。

**デメリット**
信頼性が低く、データ欠落が発生しても自動で補完されない。

インターネットで各デバイスを識別するためには、「IPアドレス」が必要です。IPアドレスはインターネット上の「ホスト」（デバイス）を一意に識別する番号であり、現在は「IPv6」という新しい規格が普及してきています。従来のIPv4よりもはるかに多くのアドレスを割り当てられるため、枯渇問題を解消しながら運用可能です。IPアドレスには、ネットワーク全体で使われる「グローバルIPアドレス」と、家庭や企業内で使用される「プライベートIPアドレス」があります。また、IPアドレスは「ネットワーク部」と「ホスト部」に分かれており、これによってネットワーク内での位置とデバイスを識別します。

　「ドメイン名」は、IPアドレスを人間が扱いやすい文字列に置き換えたもので、たとえば「example.com」のように表記されます。ドメイン名を利用することで、複雑な数字の羅列を覚えなくても簡単にウェブサイトにアクセスできる利便性が生まれます。

　さらに、無線通信においてもこれらのプロトコルが利用されており、インターネットの原型となった「ARPANET」などの歴史的な通信ネットワークが基盤として発展してきました。携帯電話などの通信には「セル方式」が用いられ、各エリアを小さなセルに分割して電波を効率的に利用しています。

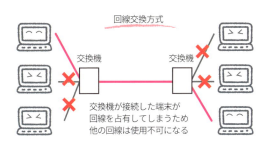

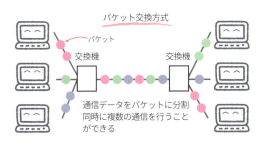

**0385** 第5世代の移動通信システムを　　　　または　　　　といいます。

5G または
第5世代移動
通信システム

## 4-2　回線交換方式とパケット交換方式

**0386** 通信回線を一定の期間占有してデータを送受信する方式を　　　　といいます。

回線交換方式

**0387** データを小さなパケットに分割して送受信する方式を　　　　といいます。

パケット交換
方式

**0388** ネットワークを通じて送受信されるデータの単位を　　　　といいます。

パケット

**0389** パケットの先頭部分に含まれる、送信先やデータの種類を示す情報を　　　　といいます。

ヘッダ

**0390** データを送受信する方式のうち電話は　　　　を用います。

回線交換方式

**0391** データを送受信する方式のうちメールは　　　　を用います。

パケット交換
方式

過 去 問 ▷

**51.** 情報通信ネットワークの通信方式に関して、回線交換方式とパケット交換方式を比較する。回線交換方式は、従来の固定電話でも用いられていた通信方式で、通信する2点間で接続を確立し、送受信するデータの有無にかかわらず、回線を占有する。一方、パケット交換方式は、インターネットなどで使用されている通信方式で、データをパケットと呼ばれる小さな単位に分割して、一つの回線に異なる宛先のパケットが混在してもよい形で通信を行う。

[ コ ]は回線交換方式のメリット、[ サ ]はパケット交換方式のメリットと言える。

┌─ [ コ ]・[ サ ]の解答群 ─────────────────────
⓪ 安全な通信ができる仕組みであるため、暗号化が不要であること
① 通信中は回線を占有できるため、時間あたりに通信できるデータ量が安定すること
② 距離にかかわらず、遅延の少ない通信ができること
③ 回線を効率的に利用して、回線数より多くのユーザが同時に通信できること
④ 必ず接続が確立できること
└──────────────────────────────────────

【共通テスト 2022　情報関係基礎】

**解答**　コ：①　サ：③

**解説**　情報ネットワークの通信方式に関する問題です。通信方式には回線交換方式、パケット交換方式の2種類があります。回線交換方式は電話のように回線を占有することによりセキュリティや速度の面で優れています。また、通信のデータ量が安定するというメリットもあります。パケット交換方式はパケットを送信することにより効率的に多数のユーザが同時に通信できるというメリットがあります。

**4**

情報通信ネットワークとデータの活用

## 語 句 が 繋 が る

　「WWW」（ワールド・ワイド・ウェブ）は、インターネット上で情報を提供するシステムで、私たちが日常的に利用するウェブサイトの基盤です。ウェブサイトは「HTML」（ハイパーテキストマークアップ言語）で作成されており、「ハイパーテキスト」というリンクを使って他のページに簡単に移動できるように構成されています。HTMLで記述された情報は「ウェブブラウザ」を通じて表示され、各ページには「URL」（Uniform Resource Locator）と呼ばれるアドレスが割り当てられています。URLには「HTTP」や「HTTPS」などの通信プロトコルが含まれ、これによってデータのやり取りが可能になります。

　インターネット上の各サイトは「ドメイン名」で識別されます。ドメイン名は人間にとってわかりやすい文字列で構成されており、トップレベルにある「トップレベルドメイン」（例：.comや.jp）が識別の一部を担います。ドメイン名をIPアドレスに変換する仕組みとして「DNS」が存在し、「DNSサーバ」がその役割を担っています。このプロセスは「名前解決」と呼ばれ、ウェブブラウザが目的のサーバに正しく接続するために行われます。

　インターネット上では様々な種類のサーバが活用されています。「認証サーバ」はユーザーの認証を管理し、「プロキシサーバ」はユーザーとインターネットの間に立って接続を仲介します。また、「キャッシュ」機能を使って頻繁にアクセスされるデータを一時保存することで、通信を効率化しています。セキュリティ強化のために「フィルタリング」機能も用いられ、特定のコンテンツへのアクセスを制限することができます。

　データの保存や管理には「データセンター」が利用されており、これには「データベースサーバ」や「メールサーバ」「プリンタサーバ」「ファイルサーバ」など、さまざまなサーバが含まれます。また、ウェブサイトのコンテンツを提供する「Webサーバ」もデータセンターの一部です。これらのサーバが連携することで、インターネット上での情報提供やデータのやり取りがスムーズに行われます。

　メールの送受信には「SMTP」「POP」「IMAP」といったプロトコルが使用されます。SMTPはメール送信に用いられ、POPやIMAPは受信に使われるプロトコルです。インターネットを介した通信では、「なりすまし」などのセ

キュリティリスクがあるため、「暗号化」による保護が欠かせません。暗号化とは、データを特定の「鍵」を使って変換し、第三者には読めないようにする技術です。

暗号化の方式には、「共通鍵暗号方式」と「公開鍵暗号方式」があります。共通鍵暗号方式では、送信者と受信者が同じ「共通鍵」を使用しますが、この方法では「鍵配送問題」が生じます。これに対し、公開鍵暗号方式では「公開鍵」と「秘密鍵」を使用します。公開鍵で暗号化されたデータは対応する秘密鍵でしか復号できないため、安全性が向上します。暗号の簡単な例として「シーザー暗号」がありますが、これは文字を一定数ずらす方式で、簡単な暗号化の一例です。

データの正確性を確かめるためには「ハッシュ関数」が利用され、データから「ハッシュ値」と呼ばれる固定長の要約が生成されます。ハッシュ値を用いることでデータ改ざんの検出が可能です。
デジタル署名は、公開鍵暗号を利用した仕組みで、データの改ざん検出と送信者の真正性（本人が送信したものであること）を保証します。

「SSL (Secure Sockets Layer)」はインターネット通信を暗号化する技術で、ウェブサイトの安全な通信に使われます。SSLには「デジタル証明書」が必要で、これを提供するのが「認証局 (CA)」です。デジタル証明書は、ウェブサイトが信頼できるものであることを証明します。

通信の際のエラーチェックとして「パリティビット」が用いられます。パリティビットは、データの各ビットが正しいかどうかをチェックするためのもので、「偶数パリティ」や「パリティチェック」によってエラーを検出します。データの正確性とセキュリティを守るため、これらの技術が日常的に活用されています。

> デジタル署名と改ざんの関係は、2025年の共通テストに出題されたよ！試作問題に出題されたパリティビットも改ざん検知の技術だよね。共通テストでは、通信技術が安全な暮らしにどのように役立っているかという理解度も問われているんだね

# 4-3 プロトコル

**0392** データ通信を行うための規約や約束事を ☐ または ☐ といいます。

プロトコル または通信プロトコル

**0393** 電子メールを送信するためのプロトコルを ☐ といいます。

SMTP

**0394** ウェブページを閲覧するために利用するプロトコルを ☐ といいます。

HTTP

**0395** インターネット上でデータ通信を行うための一連のプロトコルを ☐ といいます。

インターネットプロトコルスイート

**0396** 誤り検出や再送を行うことで、データの信頼性を確保するプロトコルを ☐ といいます。

TCP

**0397** TCPとIPのプロトコルを組み合わせた通信規約を ☐ といいます。

TCP/IP

**0398** データを受信しながら同時に再生する技術を ☐ といいます。

ストリーミング再生

**0399** インターネット上でデバイスを識別するためのアドレスを ☐ といいます。

IPアドレス

## 過 去 問 ▶

**52.** b Webページの記述には、[　ウ　]という言語を用い、タグを使ってリンクを設定することができる。Webブラウザは、リンクをクリックまたはタップされると、タグに記述された[　エ　]が指し示しているデータを要求する。Webサーバに要求する際のデータ転送には、主に[　オ　]というプロトコルが使われている。

```
┌─ [　ウ　]～[　オ　]の解答群 ─────────────────
│  ⓪ DTM      ① POP3    ② HDMI     ③ HTML
│  ④ HTTP     ⑤ SMTP    ⑥ URL      ⑦ VPN
└──────────────────────────────────────────
```

【共通テスト 2022】

**解答** ウ：③　エ：⑥　オ：④

**解説** 本問はコンピュータで利用される用語の問題です。

Webページの記述に用いられるマークアップ言語は「HTML（HyperText Markup Language）」です。リンクをクリックまたはタップすることにより別のページに移行する際にアクセスするためには「URL（Uniform Resource Locator）」が指し示しているデータを要求します。Webサーバに要求する際のデータ転送には、主に「HTTP（Hyper Text Transfer Protocol）」を利用します。

**その他の選択肢に関して**

- **DTM（Desk Top Music）**とはコンピュータを利用して音楽を作成することです。
- POP3（Post Office Protocol version 3）はメールを受信する際に利用されるプロトコルです。
- **HDMI（High-Definition Multimedia Interface）**は、映像・音声・制御信号をケーブルでまとめて送信できる通信規格のことです。
- **SMTP（Simple Mail Transfer Protocol）**は、メールを送信するために使用されるプロトコルです。
- **VPN（Virtual Private Network）**とは、専用ネットワークのことです。

**4** 情報通信ネットワークとデータの活用

| | | |
|---|---|---|
| 0400 | インターネット上の特定のデバイスやサービスを識別するための名前を□□□□□といいます。 | ホスト名 |
| 0401 | インターネット上の特定の組織や個人を識別するための名前を□□□□□といいます。 | ドメイン名 |
| 0402 | IPアドレスの枯渇問題に対応するために開発された新しいプロトコルを□□□□□といいます。 | IPv6 |
| 0403 | インターネット上で一意に識別されるためのアドレスを□□□□□といいます。 | グローバルIPアドレス |
| 0404 | 内部ネットワークで使用されるアドレスを□□□□□といいます。 | プライベートIPアドレス |
| 0405 | IPアドレスの一部でネットワークを識別する部分を□□□□□といいます。 | ネットワーク部 |
| 0406 | IPアドレスの一部で特定のデバイスを識別する部分を□□□□□といいます。 | ホスト部 |
| 0407 | ケーブルを使わずに、電波などでデータをやりとりする通信方式を□□□□□といいます。 | 無線通信 |
| 0408 | 初期のインターネットの基盤となったプロジェクトを□□□□□といいます。 | ARPANET |

過 去 問 ▷

**53.** (3) コンピュータ間でデータをやりとりするときの一連の手順を定めたものが
［　ク　］である。いわゆるインターネットの［　ク　］としては、［　ケ　］が
使われている．［　ケ　］においては、郵便における住所のような位置を指し示
すものが必要であり、インターネットではIPアドレスが用いられる。IPアド
レスは、2進数で表現した場合［コサ］ビット（IPv4の場合）の番号であり、原
理的には約43億個の装置を識別可能である。近年では、IPアドレスを表現す
る情報量を128ビットに増やしたIPv6も用いられている．

┌─ ［　ク　］、［　ケ　］の選択肢：──────────────
│ a。DNS　　　　 b。Wi-Fi　　　　 c。TCP/IP
│ d。HTML　　　　 e。プロトコル　　 f。ルータ
│ g。パケット　　　 h。無線LAN
└──────────────────────────────

【駒澤大学 2021】

**解答** ク：e　ケ：c　コサ：32

**解説** コンピュータ間でデータのやりとりをするときの一連の手順を定めたものを「プロト
コル」といいます。インターネットのプロトコルとしては、「TCP/IP」が使われてい
ます。TCP/IPでは住所を表すIPアドレスを用いてコンピュータを特定しています。
IPアドレスは、IPv4において2進数で表現した場合32ビットの番号で表されます。
ここ近年では、IPアドレスの枯渇問題のため、128ビットに増やしたIPv6が用い
られるようになってきています。
選択肢のDNSはドメイン名とIPアドレスを紐づけるシステムのことです。
Wi-Fiは通信を行うための無線LAN技術の一つです。
HTMLはWebサイトを作成する際のマークアップ言語です。
ルータはインターネットなどのネットワーク通信を行うための中継機です。
パケットは情報を伝送する際の一単位のことです。
無線LANはLANケーブルを必要とせず接続するための技術の一つです。

**4** 情報通信ネットワークと データの活用

| 0409 | セルと呼ばれる小さな単位でデータを送受信する通信方式を____といいます。 | セル交換方式 |

## 4-4　インターネットの利用

| 0410 | 世界中の情報をリンクで結びつけたシステムを____といいます。 | WWW |

| 0411 | ウェブページ間の接続を示すURLを____といいます。 | リンク |

| 0412 | ウェブページの記述に使われるマークアップ言語を____といいます。 | HTML |

| 0413 | テキストの中に他のテキストやリンクを埋め込んだテキストを____といいます。 | ハイパーテキスト |

| 0414 | ウェブページを表示するためのソフトウェアを____といいます。 | ウェブブラウザ |

| 0415 | インターネット上の特定のリソースを示すアドレスを____といいます。 | URL |

| 0416 | ドメイン名の最上位に位置する部分を____といいます。 | トップレベルドメイン |

過 去 問 ▶

**54.** （3）WWWは世界中のWeb（ウェブ）ページを閲覧することができるインターネット上のサービスの1つである。世界中のコンピュータ（Webサーバ）に分散したWebページの場所は［　コ　］によって指定される。Webページには他のページや関連する画像・動画などのデータへの［　サ　］を埋め込むことができるため、Webページを閲覧するソフトウェアである［　シ　］を利用すれば、マウスなどによる簡単な操作で［　サ　］をたどり、Webページを次々と閲覧することができる。

［　コ　］の選択肢：
a。HTML　　b。SQL　　　　c。HTTP
d。URL　　　e。LAN　　　　f。文字コード

［　サ　］の選択肢：
a。リンク　　b。電子メール　　c。パスワード
d。クリック　e。デザイン　　　f。ウィルス

［　シ　］の選択肢：
a。データベース
b。オペレーティングシステム（OS）
c。ブラウザ
d。ウェブログ（ブログ）
e。スマートフォン
f。検索エンジン（検索サービス）

【駒澤大学2016】

**解答** コ：d　サ：a　シ：c

**解説** インターネットを閲覧するためのWebページの場所は「http://」や「https://」などから始まるURL（Uniform Resource Locator）によって指定されます。Webページには他のページや関連する画像・動画などのデータへのリンクを埋め込むことにより他のWebページを閲覧することができます。この際に利用するWebページを閲覧するためのソフトウェアをブラウザといいます。

4

情報通信ネットワークとデータの活用

173

| | | |
|---|---|---|
| 0417 | ドメイン名をIPアドレスに変換するためのサーバを □ といいます。 | DNSサーバ |
| 0418 | ドメイン名をIPアドレスに変換するためのシステムを □ といいます。 | DNS |
| 0419 | ドメイン名をIPアドレスに変換するプロセスを □ といいます。 | 名前解決 |
| 0420 | ユーザーの認証を行うサーバを □ といいます。 | 認証サーバ |
| 0421 | クライアントとサーバ間の通信を中継するサーバを □ といいます。 | プロキシサーバ |
| 0422 | よく使われるデータを一時的に保存する仕組みを □ といいます。 | キャッシュ |
| 0423 | 不適切なコンテンツを遮断する仕組みを □ といいます。 | フィルタリング |
| 0424 | データの保存や処理を行う大規模な施設を □ といいます。 | データセンター |
| 0425 | 電子メールの送受信を行うサーバを □ といいます。 | メールサーバ |

過 去 問 ▷

**55.** 問1 次の記述a〜cの空欄 [ ア ]〜[ カ ]に入れるのに最も適当なものを、次ページのそれぞれの解答群のうちから一つずつ選べ。

a WebページにアクセスするときのURLとして次の例を考える。

(例) http://www.example.ne.jp/foo/bar.html
　　　　　①　　　　　　②　　　　　　　③

下線部①はhttpかhttpsを指定する。httpsの場合は通信が [ ア ] される。下線部②は [ イ ] のドメイン名である。また、下線部③は表示したい [ ウ ] である。

次の図1はドメイン名の階層を示しており、階層は右から、トップレベル、第2レベルというように呼ばれる。トップレベルのjpは [ エ ] を表しており、第2レベルとトップレベルの組み合わせがac.jpやco.jpのとき、第2レベルは [ オ ] を表している。ドメイン名とIPアドレスの対応は [ カ ] で管理されている。

| www | ・ | exsample | ・ | ne | ・ | jp |
|---|---|---|---|---|---|---|
| 第4レベル | | 第3レベル | | 第2レベル | | トップレベル |

図1　ドメイン名の階層

―― [ ア ]〜[ ウ ] の解答群 ――――
- ⓪ Webサーバ　① Webブラウザ　② クライアント　③ ドライブ
- ④ ファイル名　⑤ フィールド名　⑥ プロトコル　⑦ プロバイダ名
- ⑧ ポート　⑨ 暗号化　ⓐ 共有　ⓑ 並列化

―― [ エ ]・[ オ ] の解答群 ――――
- ⓪ 部や課のような部署　　　　　　　　① 国名
- ② 大学や企業のような組織種別　　　　③ 個別のコンピュータ
- ④ 大学名や企業名のような具体的な組織名　⑤ 使用言語

4 情報通信ネットワークとデータの活用

┌─ [　カ　] の解答群 ─────────────────────────────┐
│ ⓪　DNSサーバ　　①　FTPサーバ　　②　アクセスポイント │
│ ③　ハブ　　　　　④　ルータ │
└──────────────────────────────────────────┘

【センター試験「情報関係基礎」2019】

**解答**　ア：⑨　イ：⓪　ウ：④　エ：①　オ：②　カ：⓪

**解説**　①の部分に関して、httpとhttpsのうちhttpsは通信が暗号化されていることを示しています。②の部分は、Webサーバのドメイン名を表しています。③は表示したいファイル名を表しています。トップレベルドメインのjpは日本のように国名を表しており、acやcoの場合は、大学や企業のような組織種別を表しています。ドメインとIPアドレスの対応はDNSサーバにおいて管理されています。

　Webページにアクセスするときは、まず「**http**」または「**https**」を指定し、httpsを使えば**通信が暗号化**されます。次に「www.example.ne.jp」のようなホスト（サーバ）のドメイン名を通じて、ブラウザはDNSサーバに問い合わせを行い、実際のIPアドレスを取得することで目的のサーバに接続できるようになります。

　たとえば

というURLなら、最後の「/foo/bar.html」は表示したいファイルを示しているのです。トップレベルドメインの「.jp」は日本という国を表す国別コードで、「ac.jp」「co.jp」など第2レベルと組み合わせる場合には大学や企業などの組織種別（これがオ）を区別して使います。

　こうした仕組みのおかげで、人間はドメイン名という覚えやすい文字列を入力するだけで目的のWebサイトにアクセスできます。

　問題文では、これらの空欄（アからカ）に「暗号化」や「ドメイン名」「ファイル」「日本」「組織種別」「DNS」といった語を入れることで、URLの構造やドメイン名の意味、そしてドメイン名とIPアドレスの対応関係がDNSサーバで管理されているという一連の流れを理解できる流れになります。

| | | |
|---|---|---|
| 0426 | データベースを管理するサーバを[ ]といいます。 | データベースサーバ |
| 0427 | プリンタの共有を管理するサーバを[ ]といいます。 | プリンタサーバ |
| 0428 | ファイルの保存と共有を行うサーバを[ ]といいます。 | ファイルサーバ |
| 0429 | インターネット上の Web ページなどの情報を保存し、ブラウザからの要求に応じて情報を送信するサーバを[ ]といいます。 | Webサーバ |

過 去 問 ▶

**56.** a 一般的に、Webページは [ ケ ] という言語を用いて記述されている。

b Webページを閲覧するとき、ブラウザはWebサーバと情報のやりとりをする。その際、Webサーバのホスト名からそのIPアドレスを特定するために、[ コ ] サーバへの問い合わせが行われる。

c 違法な情報や有害と思われる情報を含むWebページへのアクセスを制限する技術は [ サ ] と呼ばれる。

```
┌─ [ ケ ]〜[ サ ] の解答群 ─────────────────
│ ⓪ DNS      ① BASIC    ② クッキー      ③ フィッシング
│ ④ POP      ⑤ COBOL    ⑥ ファイル      ⑦ フィルタリング
│ ⑧ SQL      ⑨ HTML     ⓐ マイニング     ⓑ フェイルセーフ
│ ⓒ URL      ⓓ HTTP
└──────────────────────────────────────
```

【センター試験「情報関係基礎」2015】

**解答** ケ：⑨ コ：⓪ サ：⑦

**解説** Webページは<html>、<body>のようなタグを利用したHTMLというマークアップ言語を用いて作成されています。Webページを閲覧する際は、ブラウザというアプリケーションを利用し、Webサーバとユーザで情報のやりとりをしています。このときに、ホスト名からIPアドレスを特定するために、DNSサーバへの問い合わせが行われます。また、Webページへのアクセスを制限する技術としてフィルタリングがあります。その他の選択肢に関して、BASIC、COBOLはプログラミング言語です。クッキーとは、Webサイトの情報でブラウザに保存される情報のことです。フェイルセーフとは、故障や障害があった際に、最小限のリスク状態を保つために設計された機能のことです。

**4** 情報通信ネットワークとデータの活用

179

## 4-5　電子メールの仕組み

**0430**　電子メールを送信するためのプロトコルを　　　といいます。

SMTP

**0431**　電子メールを受信するためのプロトコルの一つで、メールをダウンロードしてから閲覧するものを　　　といいます。

POP

**0432**　電子メールを受信するためのプロトコルの一つで、サーバ上でメールを管理するものを　　　といいます。

IMAP

## 4-6　通信における情報の安全を確保する技術

**0433**　他人になりすまして情報を盗む行為を　　　といいます。

なりすまし

**0434**　システムやプロセスを改良して性能を向上させることを　　　といいます。

改善

**0435**　秘密を守るために、情報を別の形に変換したものを　　　といいます。

暗号

**0436**　データを保護するために変換することを　　　といいます。たとえば共通鍵暗号方式では、暗号化に使う鍵を送信者と受信者が共有します。

暗号化

➡ 共通鍵暗号方式

過 去 問 ▶

**56.** a 一般的に、Webページは［ ケ ］という言語を用いて記述されている。

b Webページを閲覧するとき、ブラウザはWebサーバと情報のやりとりを
する。その際、Webサーバのホスト名からそのIPアドレスを特定するために、
［ コ ］サーバへの問い合わせが行われる。

c 違法な情報や有害と思われる情報を含むWebページへのアクセスを制限す
る技術は［ サ ］と呼ばれる。

┌─［ ケ ］～［ サ ］の解答群 ──────────────────
│ ⓪ DNS ① BASIC ② クッキー ③ フィッシング
│ ④ POP ⑤ COBOL ⑥ ファイル ⑦ フィルタリング
│ ⑧ SQL ⑨ HTML ⓐ マイニング ⓑ フェイルセーフ
│ ⓒ URL ⓓ HTTP
└─────────────────────────────────────

【センター試験「情報関係基礎」2015】

**解答** ケ：⑨ コ：⓪ サ：⑦

**解説** Webページは<html>、<body>のようなタグを利用したHTMLというマークアッ
プ言語を用いて作成されています。Webページを閲覧する際は、ブラウザというア
プリケーションを利用し、Webサーバとユーザで情報のやりとりをしています。こ
のときに、ホスト名からIPアドレスを特定するために、DNSサーバへの問い合わせ
が行われます。また、Webページへのアクセスを制限する技術としてフィルタリン
グがあります。その他の選択肢に関して、BASIC、COBOLはプログラミング言語
です。クッキーとは、Webサイトの情報でブラウザに保存される情報のことです。
フェイルセーフとは、故障や障害があった際に、最小限のリスク状態を保つために設
計された機能のことです。

4 情報通信ネットワークと
データの活用

179

## 4-5 電子メールの仕組み

**0430**
電子メールを送信するためのプロトコルを◻︎といいます。

SMTP

**0431**
電子メールを受信するためのプロトコルの一つで、メールをダウンロードしてから閲覧するものを◻︎といいます。

POP

**0432**
電子メールを受信するためのプロトコルの一つで、サーバ上でメールを管理するものを◻︎といいます。

IMAP

## 4-6 通信における情報の安全を確保する技術

**0433**
他人になりすまして情報を盗む行為を◻︎といいます。

なりすまし

**0434**
システムやプロセスを改良して性能を向上させることを◻︎といいます。

改善

**0435**
秘密を守るために、情報を別の形に変換したものを◻︎といいます。

暗号

**0436**
データを保護するために変換することを◻︎といいます。たとえば共通鍵暗号方式では、暗号化に使う鍵を送信者と受信者が共有します。

暗号化

➡ 共通鍵暗号方式

## 過 去 問 ▷

**57.** 問2 次の文章は、高等学校などで、一般向けに公開する学校紹介と閲覧を限定する校内連絡という二つの目的別に、Webページを用意することについて述べたものである。空欄 [ ス ]〜[ チ ] に入れるのに最も適当なものを、下のそれぞれの解答群のうちから一つずつ選べ。

　Webページをおく Webサーバを校内LANに接続するために、まず Webサーバとするコンピュータに [ ス ] アドレスを設定する。さらに、開設したWebページのURLに Webサーバのドメイン名を使えるようにするため、[ ス ] アドレスとドメイン名との対応を [ セ ] サーバに登録する。

　学校紹介の Webページを学校外に公開する場合、外部ネットワークから校内LANへの不正アクセスなどを防止するために、校内LANと外部ネットワークとの間に [ ソ ] を設置する。[ ソ ] を使うと、外部ネットワークから校内LANへの通信のうち、許可していないものを遮断することができる。

　また、校内連絡の Webページをその学校の先生だけが閲覧できるように限定する場合は、登録済みのユーザ名とパスワードの組合わせが入力されたときだけ閲覧を許可する [ タ ] 機能を使うとよい。パスワードのように、秘密にしたい内容を Webサーバに送信するときには、通信の途中で盗み見られても安全なように、[ チ ] 通信を使う設定にするとよい。

[ ス ]・[ セ ] の解答群
　⓪ DNS　① HTTP　② IP　③ POP　④ TCP　⑤ メール

[ ソ ]〜[ チ ] の解答群
| | | |
|---|---|---|
| ⓪ 一対一 | ① 暗号化 | ② 電子すかし |
| ③ ストリーミング | ④ SOHO | ⑤ ディジタル署名 |
| ⑥ 認証 | ⑦ ハブ | ⑧ ファイアウォール |
| ⑨ プライバシー | ⓐ 匿名 | ⓑ 二重化 |

【センター試験「情報関係基礎」2010】

**解答** ス：②　セ：⓪　ソ：⑧　タ：⑥　チ：①

**解説** Webサーバを接続するためには、コンピュータに住所のような「IPアドレス」を設定します。このIPアドレスとドメイン名の関係を「DNSサーバ」に登録することによって紐づけを行います。不正アクセスを防止するために、「ファイアウォール」を設置します。アクセスの制限をかけるためにユーザ名とパスワードの組み合わせのような「認証」機能を利用します。通信の途中で情報の漏えいが起こらないように「暗号化」通信を利用すると安心です。

| 0437 | 暗号化されたデータを元に戻すことを ____ といいます。 | 復号 |
|---|---|---|
| 0438 | 簡単な暗号化方法の一つで、文字を一定の位置だけずらす方法を ____ といいます。 | シーザー暗号 |
| 0439 | データの暗号化や復号に使用される値や情報を ____ といいます。 | 鍵 |
| 0440 | 同じ鍵を使って暗号化と復号を行う方式を ____ といいます。 | 共通鍵暗号方式 |
| 0441 | 公開鍵と秘密鍵を使って暗号化と復号を行う方式を ____ といいます。 | 公開鍵暗号方式 |
| 0442 | 公開鍵暗号方式で使用される、他人に知られても問題のない鍵を ____ といいます。 | 公開鍵 |
| 0443 | 公開鍵暗号方式で使用される、他人に知られてはならない鍵を ____ といいます。 | 秘密鍵 |
| 0444 | 同じ鍵を使って暗号化と復号を行う方式を ____ といいます。 | 共通鍵 |
| 0445 | 共通鍵暗号化方式と公開鍵暗号方式を比較したとき、通信する相手ごとにそれぞれ異なる鍵を使用することで鍵管理が複雑になる暗号方式は ____ です。 | 共通鍵暗号方式 |

過 去 問 ▷

**58.** b 公開鍵暗号技術は共通鍵暗号技術に比べて、いくつかの利点がある。それ
に関して適切な説明となっているものを、次の⓪〜④のうちから二つ選べ。
ただし、解答の順序は問わない。[ ケ ]・[ コ ]

⓪ アルゴリズムが公開されているため、必要なプログラムの開発期間を短縮
でき、また機能追加も容易である。
① 秘密鍵の受け渡しを安全に行う限り、簡単には解読されない。
② 暗号化に用いた鍵が誰かの手に渡っても、その鍵では復号できない。
③ 暗号化した文書をやり取りする相手と、秘密鍵の受け渡しをする必要がな
い。
④ 暗号化と復号に同一の鍵を用いるので管理すべき鍵の個数が少なく、送信
者と受信者の間での鍵交換のための通信を少なくすることができる。

【共通テスト2021　情報関係基礎】

**解答** ケ：② 　コ：③ 　（順不同）

**解説** ⓪に関しては、公開鍵暗号のアルゴリズムは一般に公開されていますが、それにより
必ずしも開発期間短縮や機能追加が容易になるとは限りません。
①に関しては、「秘密鍵の安全な受け渡し」を前提としている時点で、共通鍵暗号技
術の特徴であり、公開鍵暗号技術のメリットとは言えません。公開鍵暗号技術では秘
密鍵の受け渡し自体が不要であることが利点だからです。
④に関しては、公開鍵暗号技術は送信者と受信者で異なる鍵を使用するため、共通鍵
暗号技術よりも管理する鍵の数が多くなり、鍵管理が複雑になります。
②に関しては、公開鍵暗号では公開鍵で暗号化し秘密鍵で復号するため、暗号化に
使った鍵（公開鍵）が漏えいしても復号できず、安全性が保たれるので**正答**です。
③に関しては、公開鍵暗号技術では、秘密鍵の受け渡しを相手と行う必要がないため、
鍵を安全にやり取りする手間が省ける点がメリットであるため**正答**です。

**4**

情報通信ネットワークと
データの活用

| | | |
|---|---|---|
| 0446 | 公開鍵を使って暗号化し、秘密鍵を使って復号する方式を____といいます。 | 公開鍵暗号方式 |
| 0447 | 鍵を安全に配布するための問題を____といいます。 | 鍵配送問題 |
| 0448 | 認証機関のことを____または____といいます。 | 認証局またはCA |
| 0449 | データのハッシュ値を生成するための関数を____といいます。 | ハッシュ関数 |
| 0450 | データをハッシュ関数で処理して得られる値を____といいます。 | ハッシュ値 |
| 0451 | インターネット上の通信を暗号化して安全に受信するためのプロトコルを____といいます。 | SSL |
| 0452 | デジタル署名を用いてデータの真正性を証明するための証明書を____といいます。 | デジタル証明書 |
| 0453 | 2進数のビット列に対して行われる操作の一種で、各ビットの値を0と1で反転させることを____といいます。 | ビット反転 |
| 0454 | 共通鍵暗号化方式と公開鍵暗号方式を比較したとき、通信する相手ごとにそれぞれ異なる鍵を使用することで鍵管理が複雑になる暗号方式は____です。 | 公開鍵暗号方式 |

## 過 去 問 ▶

**59.** (5) 今日、情報システムは社会基盤として必要不可欠になった。しかし情報システムは、悪意を持った利用者によるデータの書き換え（改ざん）、情報の漏えい、自然災害によるトラブルなど、さまざまな脅威が存在する。そのため、それらの脅威に対して必要な対策をおこなうことで、情報システムを保護し、正常に維持する［　ス　］が保たれなければならない。［　ス　］では情報システムの機密性・完全性・可用性を維持することが重要であり、たとえば、機密性の確保にはデータの暗号化が含まれる。

この暗号化技術を利用したものとして［　セ　］がある、［　セ　］は紙の書類における印鑑に相当する役割を果たし、データ送信者の本人確認や、データが改ざんされていないことを示すために利用される。［　セ　］を利用する場合、データ送信者は送信者本人だけが知っている鍵を使ってデータを暗号化する。そのため、送信者はデータを［　ソ　］で暗号化する。

```
┌─［　ス　］の選択肢：────────────────────
│ a。ファイアウォール（防火壁）      b。バイオメトリクス認証
│ c。情報セキュリティ（セキュリティ）  d。ソーシャルエンジニアリング
│ e。SSL（暗号化通信）            f。ユニバーサルデザイン
```

```
┌─［　セ　］の選択肢：────────────────────
│ a。電子署名（ディジタル署名）    b。エスケープ処理
│ c。ファイアウォール（防火壁）   d。RSA
│ e。DMZ（非武装セグメント）     f。ソーシャルエンジニアリング
```

```
┌─［　ソ　］の選択肢：────────────────────
│ a。送信者の公開鍵          b。送信者の秘密鍵
│ c。受信者の公開鍵          d。受信者の秘密鍵
│ e。第三者の公開鍵          f。第三者の秘密鍵
```

【駒澤大学 2016】

**解答** ス：c　　セ：a　　ソ：b

**解説** 情報を扱う上で、情報の漏えいやトラブルへの対策として、機密性、完全性、可用性を維持するために情報セキュリティを保つ必要があります。機密性の確保のための暗号化技術として、紙の書類における印鑑に相当する役割として、電子署名（ディジタル署名）があります。また、情報を暗号化する技術として、公開鍵暗号方式があります。

## 語句が繋がる

　データを効率的に管理・利用するために「データベース」が活用されます。データベースには「関係型データベース」「階層型データベース」「ネットワーク型データベース」などの種類があり、データの構造に応じた「データモデル」を提供します。関係型データベースは、データを「テーブル」形式で管理し、行ごとに「レコード」、列ごとに「フィールド」が含まれます。各レコードには一意の「主キー」が割り当てられ、データの識別が容易になります。

　データベースには「構造化データ」と「非構造化データ」があり、構造化データはテーブルに整理され、非構造化データはテキストや画像などのように固定の構造を持たないデータです。これらのデータを効率的に扱うために、「データベース管理システム（DBMS）」が必要で、関係型データベースを管理するシステムとして「RDBMS（リレーショナルデータベース管理システム）」があります。「SQL（構造化問合せ言語）」は、RDBMSでデータを操作するための言語で、データの「選択」や「結合」「射影」などの操作が可能です。

　データベースを管理する上で、「データの一貫性」「整合性」「機密性」が重要な要素です。データの一貫性は、データが正しい状態に保たれることを意味し、整合性は異なるデータ間での整合が取れていることを示します。また、機密性は、権限のないユーザーがデータにアクセスできないよう保護することを指します。データベースは、POSシステムやATMなど、日常生活で利用される「情報システム」にも組み込まれており、迅速で正確なデータの処理を支えています。

**データベースの種類**

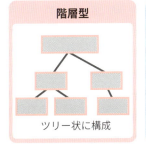

階層型

ツリー状に構成

ネットワーク型

網状に構成

関係型

データを「テーブル」形式で管理

| 0455 | データの誤りを検出するための追加のビットを ___ といいます。 | パリティビット |
|---|---|---|

| 0456 | データの誤りを検出するために偶数個のビットを使う方式を ___ といいます。 | 偶数パリティ |
|---|---|---|

| 0457 | データの誤りを検出するためにデータに含まれる1の個数を数える方法を ___ といいます。 | パリティチェック |
|---|---|---|

# 4-7 データベース

| 0458 | データを表形式で管理するデータベースを ___ といいます。データベースは大量のデータを効率的に管理するためのシステムであり、SQLはそのデータベースを操作するための言語です。SQLを使うことで、データベース内のデータを検索、挿入、更新、削除することができます。 | 関係型データベース ⇒ SQL |
|---|---|---|

| 0459 | 階層構造でデータを管理するデータベースを ___ といいます。 | 階層型データベース |
|---|---|---|

| 0460 | ネットワーク構造でデータを管理するデータベースを ___ といいます。 | ネットワーク型データベース |
|---|---|---|

| 0461 | データの構造を示すモデルを ___ といいます。 | データモデル |
|---|---|---|

| 0462 | データベースの中でデータを格納する表を ___ といいます。 | テーブル |
|---|---|---|

過 去 問 ▷

**60.** (4) データベースのうち、データを2次元の表（テーブル）で表すものがリレーショナル（関係）データベースである。表の各列のことを［　カ　］という。ここで、表Aがあったとする。この表から表Bを作るためには［　キ　］という操作（演算）を行う。

表A

| 氏名 | クラス | 出身 | 役割 |
|---|---|---|---|
| 鈴木大輔 | 1組 | 神奈川 | 会長 |
| 佐藤景子 | 2組 | 神奈川 | 副会長 |
| 高橋祐一 | 1組 | 千葉 | 広報 |
| 田中紀子 | 3組 | 東京 | 会計 |
| 小林桃子 | 2組 | 神奈川 | 渉外 |
| 渡辺和弘 | 1組 | 東京 | 広報 |
| 中村有紀 | 1組 | 埼玉 | 広報 |

表B

| 氏名 | クラス | 出身 | 役割 |
|---|---|---|---|
| 高橋祐一 | 1組 | 千葉 | 広報 |
| 渡辺和弘 | 1組 | 東京 | 広報 |
| 中村有紀 | 1組 | 埼玉 | 広報 |

┌─［　カ　］の選択肢────────────────
a。リレーショナル　　　b。主キー　　　　c。レコード
d。タプル　　　　　　　e。フィールド　　f。ビュー

┌─［　キ　］の選択肢─────────────────────
a。表Aから「出身が神奈川でない」という条件を満たすデータだけを射影する
b。表Aから「クラスが1組である」という条件を満たすデータだけを選択する
c。表Aから「役割が広報である」という条件を満たすデータだけを選択する
d。表Aから「クラスが1組である」という条件を満たすデータだけを射影する
e。表Aから「役割が広報である」という条件を満たすデータだけを射影する
f。表Aから「出身が神奈川でない」という条件を満たすデータだけを選択する

【駒澤大学2016】

**解答**　カ：e　キ：c

**解説**　データベースの列のことは「フィールド」といいます。なお、行のことは「レコード」といいます。表Bを得るためには、特定の行が抽出されているため、「選択」を行う必要があります。この際に、どういった行を選択しているかを見てみると、「役割が広報」という条件に合致しています。

4　情報通信ネットワークとデータの活用

189

| 0463 | テーブルの中でデータの集合を表す行を[    ]といいます。 | レコード |
|---|---|---|
| 0464 | テーブルの中でデータの項目を表す列を[    ]といいます。 | フィールド |
| 0465 | テーブルの中で一意にデータを識別するためのキーを[    ]といいます。 | 主キー |
| 0466 | 形式が決まっていて、構造があるデータを[    ]といいます。 | 構造化データ |
| 0467 | 形式が決まっていない、自由形式のデータを[    ]といいます。 | 非構造化データ |
| 0468 | データベースを管理するためのシステムを[    ]といいます。 | データベース管理システム |
| 0469 | データベースを操作するための言語を[    ]といいます。 | SQL |
| 0470 | 関係型データベース管理システムの略称を[    ]といいます。 | RDBMS |
| 0471 | データが常に正しい状態であることを保証することを[    ]といいます。 | データの一貫性 |

過 去 問 ▷

**61.** 今日の情報システムではデータベースを利用することが多い。複数の利用者が同時にデータベースを利用しても矛盾が生じないようにしたり、大量のデータの中から必要なものを高速に取り出せるようにしたりするなど、データベースを効率的かつ安全に利用できるようにするのは［　キ　］の役割である。ここで、表Aと表Bがあったとする。このとき、これら2つの表を共通のフィールドで結合することによって得られる表は［　ク　］である。ただし、結合以外の射影と選択はおこなわないものとする。

表A

| 生徒番号 | 氏名 | 通学方法 | 部活 |
|---|---|---|---|
| 101 | 佐藤章 | 電車 | サッカー |
| 102 | 鈴木輝子 | 自転車 | テニス |
| 103 | 高橋隆之 | 電車 | ダンス |
| 104 | 田中仁美 | 徒歩 | 書道 |
| 105 | 中村慶太 | 自転車 | ダンス |

表B

| 部活 | 監督 | 部員数 |
|---|---|---|
| サッカー | 山田哲郎 | 50 |
| 書道 | 石井大介 | 20 |
| ダンス | 井上直美 | 25 |
| テニス | 木村智子 | 60 |

[　キ　]の選択肢：

a。データベース管理システム　　　　b。SQL

c。ファイアウォール　　　　　　　　d。トランザクション管理

e。リレーション　　　　　　　　　　f。データベースの正規化

[ ク ]の選択肢：

a.

| 生徒番号 | 氏名 | 通学方法 | 部活 | 監督 | 部員数 |
|---|---|---|---|---|---|
| 101 | 佐藤章 | 電車 | サッカー | 山田哲郎 | 50 |
| 102 | 鈴木輝子 | 自転車 | 書道 | 石井大介 | 20 |
| 103 | 高橋隆之 | 電車 | ダンス | 井上直美 | 25 |
| 104 | 田中仁美 | 徒歩 | テニス | 木村智子 | 60 |

b.

| 生徒番号 | 氏名 | 通学方法 | 部活 | 監督 | 部員数 |
|---|---|---|---|---|---|
| 101 | 佐藤章 | 電車 | サッカー | 山田哲郎 | 50 |
| 102 | 鈴木輝子 | 自転車 | テニス | 木村智子 | 60 |
| 103 | 高橋隆之 | 電車 | ダンス | 井上直美 | 25 |
| 104 | 田中仁美 | 徒歩 | 書道 | 石井大介 | 20 |

c.

| 生徒番号 | 氏名 | 通学方法 | 部活 | 監督 | 部員数 |
|---|---|---|---|---|---|
| 101 | 佐藤章 | 電車 | サッカー | 山田哲郎 | 50 |
| 102 | 鈴木輝子 | 自転車 | テニス | 木村智子 | 60 |
| 103 | 高橋隆之 | 電車 | ダンス | 井上直美 | 25 |
| 104 | 田中仁美 | 徒歩 | 書道 | 石井大介 | 20 |
| 105 | 中村慶太 | 自転車 | ダンス | 井上直美 | 25 |

d。

| 生徒番号 | 氏名 | 部活 | 監督 |
|---|---|---|---|
| 101 | 佐藤章 | サッカー | 山田哲郎 |
| 102 | 鈴木輝子 | テニス | 木村智子 |
| 103 | 高橋隆之 | ダンス | 井上直美 |
| 104 | 田中仁美 | 書道 | 石井大介 |
| 105 | 中村慶太 | ダンス | 井上直美 |

e.

| 部活 | 監督 | 部員数 |
|---|---|---|
| サッカー | 山田哲郎 | 50 |
| テニス | 木村智子 | 60 |
| ダンス | 井上直美 | 25 |
| 書道 | 石井大介 | 20 |
| ダンス | 井上直美 | 25 |

f.

| 生徒番号 | 氏名 | 通学方法 | 部活 | 監督 | 部員数 |
|---|---|---|---|---|---|
| 101 | 佐藤章 | 電車 | サッカー | 山田哲郎 | 50 |
| 102 | 鈴木輝子 | 自転車 | 書道 | 石井大介 | 20 |
| 103 | 高橋隆之 | 電車 | ダンス | 井上直美 | 25 |
| 104 | 田中仁美 | 徒歩 | テニス | 木村智子 | 60 |
| 105 | 中村慶太 | 自転車 | ダンス | 井上直美 | 25 |

【駒澤大学 2016】

**解答** キ：a　ク：c

**解説** データベースを効率的かつ安全に利用できるようにするシステムを「データベース管理システム」といいます。結合する場合、表Aのデータは変化せず、部活に関連付けされて表Bのデータが紐づけられるものを選びます。

4 情報通信ネットワークとデータの活用

| | | |
|---|---|---|
| 0472 | データが整合していることを保証することを [____] といいます。 | データの整合性 |
| 0473 | データが許可されたユーザーだけがアクセスできることを [____] といいます。 | データの機密性 |
| 0474 | データが多様な形式や内容を持つことを [____] といいます。 | データの多様性 |
| 0475 | データベースの複数のテーブルを結合する操作を [____] といいます。 | 結合 |
| 0476 | テーブルの中から特定の条件に合致するデータを抽出する操作を [____] といいます。 | 選択 |
| 0477 | テーブルの中から特定の列を抽出する操作を [____] といいます。 | 射影 |
| 0478 | 情報をシステム的に管理するための仕組みを [____] といいます。 | 情報システム |
| 0479 | 販売時点情報管理システムの略称を [____] といいます。 | POSシステム |
| 0480 | 自動現金預け払い機の略称を [____] といいます。 | ATM |

## 過 去 問 ▷

**62.** ある学校では、生徒の情報を図1のようなリレーショナルデータベースを用いて管理することにした。

図1<生徒表>

主キー　　　　　　　　　　　　　　外部キー　　＜文理表＞

| 管理番号 | 氏名 | 学年 | 文理コード |
|---|---|---|---|
| 1 | 情報太郎 | 高校1年 | 300 |
| 2 | 文系二郎 | 高校2年 | 100 |
| 3 | 理系花子 | 高校3年 | 200 |
| 4 | 理系愛子 | 高校2年 | 200 |

主キー

| 文理コード | 文理 |
|---|---|
| 100 | 文系 |
| 200 | 理系 |
| 300 | 未定 |

問1　ある操作をすることにより、下図のような表が得られた。この操作として最も適当なものを次の⓪～③から一つ選べ。

| 管理番号 | 氏名 | 学年 | 文理コード | 文理 |
|---|---|---|---|---|
| 1 | 情報太郎 | 高校1年 | 300 | 未定 |
| 2 | 文系二郎 | 高校2年 | 100 | 文系 |
| 3 | 理系花子 | 高校3年 | 200 | 理系 |
| 4 | 理系愛子 | 高校2年 | 200 | 理系 |

⓪　射影　　①　投影　　②　結合　　③　選択

問2　ある操作をすることにより、下図のような表が得られた。この操作として最も適当なものを次の⓪～③から一つ選べ。

| 氏名 | 学年 |
|---|---|
| 情報太郎 | 高校1年 |
| 文系二郎 | 高校2年 |
| 理系花子 | 高校3年 |
| 理系愛子 | 高校2年 |

⓪　射影　　①　投影
②　結合　　③　選択

【オリジナル問題】

**解答** 問1　②　　　問2　⓪

**解説** リレーショナルデータベースにおいて、共通するキーで結び付け、1つの表にすることを「結合」といいます。また、表の中の一部の列だけを表示することを「射影」といいます。表の中の与えられた条件に合う行のみを表示することを「選択」といいます。したがって、問1は結合、問2は射影になります。

**4** 情報通信ネットワークとデータの活用

195

## 語 句 が 繋 がる

　データには「質的データ（定性データ）」と「量的データ（定量データ）」の2種類があります。質的データはカテゴリや属性を示し、量的データは数値で測定されるデータです。データの収集方法として、最初に取得する「一次データ」と、既存のデータを再利用する「二次データ」があります。データ分析においては、欠けている「欠損値」や、通常の範囲から大きく外れた「外れ値」「異常値」に注意が必要です。

　データを整理する際、「度数分布表」や「ヒストグラム」が役立ちます。度数分布表では、データを「階級」に分け、それぞれの階級に該当するデータの数を示します。各階級の範囲は「階級幅」と呼ばれ、階級の中心を「階級値」と言います。ヒストグラムは、データの分布を視覚的に把握できるグラフであり、全体の傾向を把握するのに適しています。

　データの中心的な傾向を示す値として「代表値」があり、データの分布を4分割した位置を示す「四分位数」もよく使用されます。第1四分位数は全体の25%の位置、第2四分位数（中央値）は50%の位置、第3四分位数は75%の位置を表します。これらを視覚的に示す「箱ひげ図」は、データの分布と外れ値の確認に便利です。

　データのばらつきを示す指標には「分散」や「標準偏差」があります。分散はデータの広がりを数値化したもので、標準偏差は分散の平方根をとることで、データのばらつきを元の単位で表します。さらに、2つのデータ間の関係を調べる際には「相関関係」を利用します。相関関係には、1つの変数が増加するにつれてもう1つのデータの変数も増加する「正の相関」や、一方が増加するともう一方が減少する「負の相関」があります。

ただし、相関が見られても「因果関係」があるとは限らず、無関係な要因による「擬似相関」の可能性も考えなければなりません。相関の強さは「相関係数」で表され、値が1に近いほど強い正の相関、−1に近いほど強い負の相関を示します。

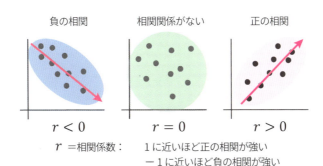

調査対象の全体を「母集団」と呼び、母集団全体を調べる「全数調査」と、サンプルを抽出して分析する「標本調査」の2種類の調査方法があります。効率的なデータ分析を行うためには、これらの統計手法や概念の理解が役立ちます。

### コラム

　全数調査は、母集団全体を余すところなく調べる方法なので、数や範囲がそれほど大きくない場合や、すべてのデータを正確に把握したいとき、たとえば国勢調査のように対象の全容を漏れなく把握する必要がある場面に適しています。

　一方、標本調査は、母集団の一部を代表として抜き出すことで迅速かつ低コストにデータを得られるため、母集団が膨大で全数を調べるのが非現実的な場合や、商品満足度調査やテレビ視聴率調査など、サンプル抽出でも十分に傾向を把握できればよい調査に向いています。こうした標本調査は、全数調査ほどの精度はないかもしれませんが、的確にサンプルを選ぶことで母集団の特性をある程度正確に反映させることができ、資金や時間の制限がある調査では特に有効です。

# 4-8 データの分析

**0481** 質的なデータを表す用語を □ または □ といいます。
質的データまたは定性データ

**0482** 量的なデータを表す用語を □ または □ といいます。
量的データまたは定量データ

**0483** アンケートやインタビューなどの方法で自ら集めた情報のことを □ といいます。
一次データ

**0484** 他者が収集したデータを □ といいます。
二次データ

**0485** データの一部が欠けている値を □ といいます。
欠損値

**0486** データの中で極端に異なる値を □ といいます。
外れ値

**0487** データの中で異常な値を □ といいます。
異常値

**0488** データの分布を表形式で示したものを □ といいます。
度数分布表

過 去 問 ▷

**62.** ある学校では、生徒の情報を図1のようなリレーショナルデータベースを用いて管理することにした。

図1<生徒表>

主キー　　　　　　　　　　　　　　　外部キー　　＜文理表＞

| 管理番号 | 氏名 | 学年 | 文理コード |
|---|---|---|---|
| 1 | 情報太郎 | 高校1年 | 300 |
| 2 | 文系二郎 | 高校2年 | 100 |
| 3 | 理系花子 | 高校3年 | 200 |
| 4 | 理系愛子 | 高校2年 | 200 |

主キー

| 文理コード | 文理 |
|---|---|
| 100 | 文系 |
| 200 | 理系 |
| 300 | 未定 |

問1　ある操作をすることにより、下図のような表が得られた。この操作として最も適当なものを次の⓪～③から一つ選べ。

| 管理番号 | 氏名 | 学年 | 文理コード | 文理 |
|---|---|---|---|---|
| 1 | 情報太郎 | 高校1年 | 300 | 未定 |
| 2 | 文系二郎 | 高校2年 | 100 | 文系 |
| 3 | 理系花子 | 高校3年 | 200 | 理系 |
| 4 | 理系愛子 | 高校2年 | 200 | 理系 |

⓪　射影　　①　投影　　②　結合　　③　選択

問2　ある操作をすることにより、下図のような表が得られた。この操作として最も適当なものを次の⓪～③から一つ選べ。

| 氏名 | 学年 |
|---|---|
| 情報太郎 | 高校1年 |
| 文系二郎 | 高校2年 |
| 理系花子 | 高校3年 |
| 理系愛子 | 高校2年 |

⓪　射影　　①　投影

②　結合　　③　選択

【オリジナル問題】

**解答** 問1　②　　　問2　⓪

**解説** リレーショナルデータベースにおいて、共通するキーで結び付け、1つの表にすることを「結合」といいます。また、表の中の一部の列だけを表示することを「射影」といいます。表の中の与えられた条件に合う行のみを表示することを「選択」といいます。したがって、問1は結合、問2は射影になります。

4

情報通信ネットワークとデータの活用

195

## 語 句 が 繋 が る

　データには「質的データ（定性データ）」と「量的データ（定量データ）」の2種類があります。質的データはカテゴリや属性を示し、量的データは数値で測定されるデータです。データの収集方法として、最初に取得する「一次データ」と、既存のデータを再利用する「二次データ」があります。データ分析においては、欠けている「欠損値」や、通常の範囲から大きく外れた「外れ値」「異常値」に注意が必要です。

　データを整理する際、「度数分布表」や「ヒストグラム」が役立ちます。度数分布表では、データを「階級」に分け、それぞれの階級に該当するデータの数を示します。各階級の範囲は「階級幅」と呼ばれ、階級の中心を「階級値」と言います。ヒストグラムは、データの分布を視覚的に把握できるグラフであり、全体の傾向を把握するのに適しています。

　データの中心的な傾向を示す値として「代表値」があり、データの分布を4分割した位置を示す「四分位数」もよく使用されます。第1四分位数は全体の25%の位置、第2四分位数（中央値）は50%の位置、第3四分位数は75%の位置を表します。これらを視覚的に示す「箱ひげ図」は、データの分布と外れ値の確認に便利です。

　データのばらつきを示す指標には「分散」や「標準偏差」があります。分散はデータの広がりを数値化したもので、標準偏差は分散の平方根をとることで、データのばらつきを元の単位で表します。さらに、2つのデータ間の関係を調べる際には「相関関係」を利用します。相関関係には、1つの変数が増加するにつれてもう1つのデータの変数も増加する「正の相関」や、一方が増加するともう一方が減少する「負の相関」があります。

ただし、相関が見られても「因果関係」があるとは限らず、無関係な要因による「擬似相関」の可能性も考えなければなりません。相関の強さは「相関係数」で表され、値が1に近いほど強い正の相関、−1に近いほど強い負の相関を示します。

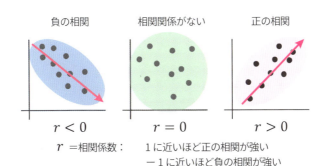

　調査対象の全体を「母集団」と呼び、母集団全体を調べる「全数調査」と、サンプルを抽出して分析する「標本調査」の2種類の調査方法があります。効率的なデータ分析を行うためには、これらの統計手法や概念の理解が役立ちます。

## コラム

　全数調査は、母集団全体を余すところなく調べる方法なので、数や範囲がそれほど大きくない場合や、すべてのデータを正確に把握したいとき、たとえば国勢調査のように対象の全容を漏れなく把握する必要がある場面に適しています。

　一方、標本調査は、母集団の一部を代表として抜き出すことで迅速かつ低コストにデータを得られるため、母集団が膨大で全数を調べるのが非現実的な場合や、商品満足度調査やテレビ視聴率調査など、サンプル抽出でも十分に傾向を把握できればよい調査に向いています。こうした標本調査は、全数調査ほどの精度はないかもしれませんが、的確にサンプルを選ぶことで母集団の特性をある程度正確に反映させることができ、資金や時間の制限がある調査では特に有効です。

# 4-8　データの分析

**0481**　質的なデータを表す用語を ___ または ___ といいます。

質的データまたは定性データ

**0482**　量的なデータを表す用語を ___ または ___ といいます。

量的データまたは定量データ

**0483**　アンケートやインタビューなどの方法で自ら集めた情報のことを ___ といいます。

一次データ

**0484**　他者が収集したデータを ___ といいます。

二次データ

**0485**　データの一部が欠けている値を ___ といいます。

欠損値

**0486**　データの中で極端に異なる値を ___ といいます。

外れ値

**0487**　データの中で異常な値を ___ といいます。

異常値

**0488**　データの分布を表形式で示したものを ___ といいます。

度数分布表

## 過 去 問 ▷

**63.**　次の表1は、国が実施した生活時間の実態に関する統計調査をもとに、15歳以上19歳以下の若年層について、都道府県別に平日1日の中で各生活行動に費やした時間（分）の平均値を、スマートフォン・パソコンなどの使用時間をもとにグループに分けてまとめたものの一部である。ここでは、1日のスマートフォン・パソコンなどの使用時間が1時間未満の人を表1-A、3時間以上6時間未満の人を表1-Bとしている。

表1-A：スマートフォン・パソコンなどの使用時間が1時間未満の人の生活行動時間に関する都道府県別平均値

| 都道府県 | 睡眠（分） | 身の回りの用事（分） | 食事（分） | 通学（分） | 学業（分） | 趣味・娯楽（分） |
|---|---|---|---|---|---|---|
| 北海道 | 439 | 74 | 79 | 60 | 465 | 8 |
| 青森県 | 411 | 74 | 73 | 98 | 480 | 13 |
| 茨城県 | 407 | 61 | 80 | 79 | 552 | 11 |
| 栃木県 | 433 | 76 | 113 | 50 | 445 | 57 |

表1-B：スマートフォン・パソコンなどの使用時間が3時間以上6時間未満の人の生活行動時間に関する都道府県別平均値

| 都道府県 | 睡眠（分） | 身の回りの用事（分） | 食事（分） | 通学（分） | 学業（分） | 趣味・娯楽（分） |
|---|---|---|---|---|---|---|
| 北海道 | 436 | 74 | 88 | 63 | 411 | 64 |
| 青森県 | 461 | 57 | 83 | 55 | 269 | 44 |
| 茨城県 | 443 | 80 | 81 | 82 | 423 | 63 |
| 栃木県 | 386 | 120 | 79 | 77 | 504 | 33 |

（出典：総務省統計局の平成28年社会生活基本調査により作成）

花子さんたちは、表1-Aをスマートフォン・パソコンなどの使用時間が短いグループ、表1-Bをスマートフォン・パソコンなどの使用時間が長いグループと設定し、これらのデータから、スマートフォン・パソコンなどの使用時間と生活行動に費やす時間の関係について分析してみることにした。

　ただし、表1-A、表1-Bにおいて一か所でも項目のデータに欠損値がある場合は、それらの都道府県を除外したものを全体として考える。なお、以下において、データの範囲については、外れ値も含めて考えるものとする。

問1　花子さんたちは、これらのデータから次のような仮説を考えた。表1-A、表1-Bのデータだけからは分析できない仮説を、次の⓪〜③のうちから一つ選べ。[　ア　]

⓪　若年層でスマートフォン・パソコンなどの使用時間が長いグループは、使用時間が短いグループよりも食事の時間が短くなる傾向があるのではないか。
①　若年層でスマートフォン・パソコンなどの使用時間が長いグループに注目すると、スマートフォン・パソコンなどを朝よりも夜に長く使っている傾向があるのではないか。
②　若年層でスマートフォン・パソコンなどの使用時間が長いグループに注目すると、学業の時間が長い都道府県は趣味・娯楽の時間が短くなる傾向があるのではないか。
③　若年層でスマートフォン・パソコンなどの使用時間と通学の時間の長さは関係ないのではないか。

【令和7年度大学入学共通テスト試作問題『情報Ⅰ』】

**解答**　ア：①

**解説**　表からは使用している時間帯についてはわからないため、①の分析はできません。

　問題文に「表のデータだけからは分析できない仮説」とあるため、表にデータがないものを探していきます。表に「朝に使用している」といった時間に関する項目がないので、①の「朝よりも昼に長く使っている」は、仮説の検証は不可能となるので誤りとなります。データの分析や表の読み取り問題に取り組む際には、まず表に<u>どのようなデータ項目が含まれているか</u>を正確に把握し、そのデータから実際に導き出せる情報と導き出せない情報を区別しましょう。

200

### コラム

　共通テストは知識問題の出題割合は増えていく可能性もありますが、この問題のような資料読み取り問題は必ず出題されると思われます。時間をかければ知識が少なくても必ず解ける問題です。誰でも正解できる得点源となりますし、逆に、間違えると差がついてしまう要注意な問題とも言えます。このような「その場で解ける問題」に時間をまわせるように、プログラミング問題で詰まった時に悩みすぎて時間を使いすぎないように注意しましょう。

| | | |
|---|---|---|
| 0489 | データを区分けする際の各区分を　　　　といいます。 | 階級 |
| 0490 | 各階級の幅を　　　　といいます。 | 階級幅 |
| 0491 | 各階級の中央値を　　　　といいます。 | 階級値 |
| 0492 | データの分布を棒グラフで示したものを　　　　といいます。 | ヒストグラム |
| 0493 | データの値の一般的な傾向を表す値を　　　　といいます。 | 代表値 |
| 0494 | データの分布を4等分した際の各区分を　　　　といいます。 | 四分位数 |
| 0495 | データの下位25%の値を示す値を　　　　といいます。 | 第1四分位数 |
| 0496 | データの中央値を示す値を　　　　または　　　　といいます。 | 第2四分位数または中央値 |
| 0497 | データの上位75%の値を示す値を　　　　といいます。 | 第3四分位数 |

## 過去問

**64.**（前問に続いて）

問2　花子さんたちは表1-A、表1-Bのデータから睡眠の時間と学業の時間に注目し、それぞれを図1と図2の箱ひげ図（外れ値は○で表記）にまとめた。これらから読み取ることができる最も適当なものを、後の⓪〜③のうちから一つ選べ。[ イ ]

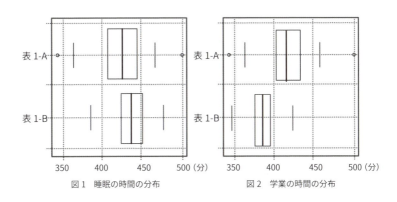

図1　睡眠の時間の分布　　　　図2　学業の時間の分布

⓪　睡眠の時間が420分以上である都道府県の数をみたとき、表1-Aの方が表1-Bよりも多い。

①　学業の時間が550分以上の都道府県は、表1-Aにおいては全体の半数以上あり、表1-Bにおいては一つもない。

②　学業の時間が450分未満の都道府県は、表1-Bにおいては全体の75%以上であり、表1-Aにおいては50%未満である。

③　都道府県別の睡眠の時間と学業の時間を比較したとき、表1-Aと表1-Bの中央値の差の絶対値が大きいのは睡眠の時間の方である。

【令和7年度大学入学共通テスト試作問題『情報Ⅰ』】

**解答**　イ：②

**解説**　⓪に関して、睡眠の時間を見るため、図1を参照します。420分以上である都道府県を見る際、中央値が表1－Bの方が表1－Aよりも右側にあることから、表1－Bの方が多いといえます。①に関して、学業の時間を見るため、図2を参照します。550分以上である都道府県を見ると、表1－Aでは第3四分位数辺りであるため、約4分の1ほどであることがわかります。また、表1－Bでは最大値が500分付近であるため、一つもないは正しいことが分かります。③に関して、中央値は各箱ひげ図の箱の中央の線を見ます。その差が大きいのは図2のため、学業の時間になります。

| 0498 | データの分布を箱とひげで示したものを［　　　］といいます。 | 箱ひげ図 |
|---|---|---|
| 0499 | データの散らばりを示す指標を［　　　］といいます。 | 分散 |
| 0500 | データが平均値の周辺でどれくらいばらついているかを示す指標を［　　　］といいます。 | 標準偏差 |
| 0501 | 2つの値の間に関連性がある関係を［　　　］といいます。 | 相関関係 |
| 0502 | 2つの値の間に原因と結果の関係があることを［　　　］といいます。 | 因果関係 |
| 0503 | 見かけ上の相関で、実際には因果関係がないものを［　　　］といいます。 | 擬似相関 |
| 0504 | データ間に明確な関係があることを［　　　］といいます。 | 相関がある |
| 0505 | データ間の関係が正の方向にあることを［　　　］といいます。 | 正の相関 |
| 0506 | データ間の関係が負の方向にあることを［　　　］といいます。 | 負の相関 |

## 65. （前問に続いて）

問4　花子さんたちは、表1-Aについて、睡眠の時間と学業の時間の関連を調べることとした。次の図4は、表1-Aについて学業の時間と睡眠の時間を散布図で表したものである。ただし、2個の点が重なって区別できない場合は□で示している。

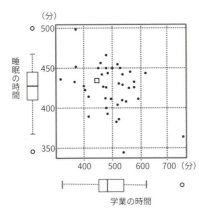

図4　表1-Aの学業の時間と睡眠の時間の散布図

都道府県単位でみたとき、学業の時間と睡眠の時間の間には、全体的には弱い負の相関があることが分かった。この場合の負の相関の解釈として最も適当なものを、次の⓪～③のうちから一つ選べ。なお、ここでは、データの範囲を散らばりの度合いとして考えることとする。[　エ　]

⓪　睡眠の時間の方が、学業の時間より散らばりの度合いが大きいと考えられる。
①　睡眠の時間の方が、学業の時間より散らばりの度合いが小さいと考えられる。
②　学業の時間が長い都道府県ほど睡眠の時間が短くなる傾向がみられる。
③　学業の時間が長い都道府県ほど睡眠の時間が長くなる傾向がみられる。

【令和7年度大学入学共通テスト試作問題『情報Ⅰ』】

**解答**　エ：②

**解説**　相関に関して、散らばりの度合いは関係ありません。負の相関があるということは、学業の時間が長いほど睡眠の時間が短くなるということが言えます。

## 語 句 が 繋 が る

　データ分析の分野では、「データマイニング」や「テキストマイニング」といった技術が、膨大な情報から有益なパターンや知識を抽出する手段として使われます。特に「ビッグデータ」の時代において、これらの技術は不可欠です。データの分析方法として、ランダムな試行によって結果を求める「モンテカルロ法」や、単語同士の結びつきの強さを視覚化する「共起ネットワーク」なども活用されています。

　データがインターネットを通じてやり取りされる際には、「プロトコル」に従って通信が行われます。ネットワークには、異なる役割を持つ「ネットワークインタフェース層」「インターネット層」「トランスポート層」「アプリケーション層」という階層があり、これらが連携することでデータがスムーズに送受信されます。たとえば、「SMTP」はメール送信のプロトコルで、「POP3」や「IMAP」はメール受信に使われます。メールの宛先には「TO」「CC」「BCC」などの指定方法があり、各宛先に対して適切にメールが配信されます。

　データの種類には、「質的データ」と「量的データ」があります。質的データはカテゴリ情報であり、量的データは数値で表される情報です。これらのデータを分析する際、「名義尺度」「順序尺度」「間隔尺度」「比例尺度」といった異なる尺度を用いることで、データの特性に応じた適切な処理が可能になります。

　データの収集方法として、「アンケート調査」が一般的で、集められたデータは「折れ線グラフ」「帯グラフ」「散布図」などのグラフを使って可視化されます。また、データの分布を示す「度数分布表」や「ヒストグラム」も利用され、全体の傾向を把握するのに役立ちます。データ間の関連性を調べるためには「相関」や「回帰分析」が用いられ、変数間の関係性や影響を確認します。

　こうしたデータ分析手法を組み合わせることで、膨大な情報から重要な発見やヒントを見つけることができます。データ分析は、意思決定や予測において非常に有用な技術です。

インターネットの普及に伴い、「サイバー犯罪」や「ネットワーク利用犯罪」が増加しています。これには、個人情報を盗む「フィッシング詐欺」、大量のリクエストを送ってシステムをダウンさせる「DDoS攻撃」、クレジットカード情報を不正に読み取る「スキミング」などの手口が含まれます。さらに、ユーザーの情報を密かに収集する「スパイウェア」や、不要な広告を表示する「アドウェア」などもネット上での脅威となっています。「ソーシャルエンジニアリング」は、人間の心理を利用して機密情報を取得する手法で、パスワードや個人情報が狙われます。

　これらの犯罪から身を守るためには、システムの「セキュリティーホール」（脆弱性）をなくし、常にセキュリティを強化することが重要です。インターネットの接続環境には、「ナローバンド」や「ブロードバンド」といった通信回線の種類があります。ナローバンドは低速通信に適しており、ブロードバンドは高速通信を提供します。「FTTH（Fiber To The Home）」は、光ファイバーを使用したブロードバンドの一種で、高速かつ安定したインターネット接続を可能にしています。

　通信速度を示す指標として「データ転送レート」があり、単位はbps（ビット毎秒）です。現在の主流である「4G」や、さらに高速な通信が可能な「5G」といった通信規格の普及により、モバイル通信が劇的に向上し、オンラインゲームやストリーミングのような大容量データのやり取りが可能になりました。また、ケーブルテレビ網を利用した「CATV」も、一部地域でインターネット接続サービスを提供しています。

　さらに、近年では「仮想通貨」が注目されており、その基盤技術として「ブロックチェーン」が使用されています。ブロックチェーンは、取引データを分散して管理する技術で、取引の改ざんが難しいため、高いセキュリティが求められる分野で活用されています。サイバー犯罪から資産を守るためにも、仮想通貨やブロックチェーンの仕組みを理解することが大切です。

| 0507 | データ間の相関の強さを示す指標を [　] といいます。 | 相関係数 |
|---|---|---|
| 0508 | データの全体を表す集団を [　] といいます。 | 母集団 |
| 0509 | 母集団の全てのデータを調査する方法を [　] といいます。 | 全数調査 |
| 0510 | 母集団の一部のデータを調査する方法を [　] といいます。 | 標本調査 |
| 0511 | 大量のデータを分析して新たな知見を得る手法を [　] といいます。 | データマイニング |
| 0512 | テキストデータを分析して有用な情報を抽出する手法を [　] といいます。 | テキストマイニング |
| 0513 | 巨大なデータセットを指す用語を [　] といいます。データマイニングは [　] のような大量のデータから有用なパターンや情報を抽出する技術です。 | ビッグデータ<br>➡データマイニング |
| 0514 | コンピュータを用いて乱数を発生させ、シミュレーションを行う手法を [　] といいます。 | モンテカルロ法 |
| 0515 | ある単語に対して出現頻度が多い単語のつながりを図示したものを [　] といいます。 | 共起ネットワーク |

**66.** Aくんは、学校の授業でモンテカルロ法について勉強したため、モンテカルロ法を使ってサイコロの出目の変化を考えてみることにした。まずは、データを集めるために2個のサイコロを100回投げて回数を記録した。その結果が表1である。この結果について次の問に答えよ。

表1

| 出目 | 回数 | 確率 | 累積確率 |
|---|---|---|---|
| 2 | 1 | | |
| 3 | 5 | | |
| 4 | 8 | | |
| 5 | 9 | | ア |
| 6 | 13 | | |
| 7 | 20 | | |
| 8 | 16 | | |
| 9 | 12 | | イ |
| 10 | 8 | | |
| 11 | 6 | | |
| 12 | 2 | | ウ |
| 合計 | 100 | | |

問1 上の表において確率と累積確率を求め、ア〜ウに当てはまる値を次の⓪〜⑤から最も適当なものを一つずつ選びなさい。

⓪ 0.09  ① 0.12  ② 0.23
③ 0.36  ④ 0.84  ⑤ 1.00

問2　表計算ソフトで0以上1未満の10個の乱数を生成した結果、以下の表2の結果となった。この結果と表1からサイコロの出目をモンテカルロ法で求め、エ、オに当てはまる値を次の⓪〜⑦から最も適当なものを一つずつ選びなさい。

表2

| 乱数 | 0.168 | 0.852 | 0.723 | 0.008 | 0.526 | 0.329 |
|------|-------|-------|-------|-------|-------|-------|
| 出目 |       | エ    |       | オ    |       |       |

⓪　2　　　　①　3　　　　②　4　　　　③　5
④　9　　　　⑤　10　　　⑥　11　　　⑦　12

【オリジナル問題】

**解答**　ア：②　　イ：④　　ウ：⑤　　エ：⑤　　オ：②

**解説**　まず、表1の確率を求めます。例えば、出目が2の確率は$1 \div 100 = 0.01$となり同様に求め、累積確率を求めていくと、アは$0.01+0.05+0.08+0.09=0.23$となります。同様にして、イは0.84、ウは1.00となります。次に表2は、0.168が入る累積確率は出目が5のときであり、0.852が入る累積確率は出目が10のときであり、0.008が入る累積確率は出目が4の時です。

## コラム

　ビッグデータの3つの要素は、データ量（Volume）、多様性（Variety）、処理速度（Velocity）の「3V」です。膨大な情報の集積が進むにつれ、世の中では「データマイニング」や「テキストマイニング」のような手法を用いて、データを分析して有効活用しているのです。

　たとえばインターネット上の書き込みや商品レビューを解析するとき、単語同士の出現パターンを調べる「共起性」に注目すると、その単語がどのような状況で、どんな他の言葉と結びついているかを可視化できるので、人々が本当に何に関心を持ち、どのような点で不満や喜びを感じているかを把握しやすくなります。

　企業であれば、顧客の声を深く理解してより的確な商品開発やサービス改善につなげることができ、公共機関ならば、市民の意見を分析して行政サービスを柔軟に見直すことが可能になります。

　こうしたデータ活用は、単に新しい製品やイベントを作るだけではなく、医療や防災、教育といった社会インフラにも役立てられます。たとえば医療分野では、ビッグデータとして蓄積された膨大なカルテ情報や論文のテキスト解析から、まだ見落とされていた病気のリスク要因や治療法のヒントが発見されるかもしれませんし、防災の現場ではSNSなどから得られる地域のリアルタイムな声を解析して、共起しているキーワードに基づく災害の状況を把握することで、より素早い避難誘導や物資手配が期待できます。

　また、小売や飲食業界においては、口コミサイトや投稿された写真との共起を探ってみると、どのような魅力的な要素が集客に結びついているのかがわかり、それを新たな商品企画や宣伝方法に生かすことも可能です。

　ビッグデータによる共起性やテキストマイニングを活用することで、世の中のニーズがこれまで以上に細やかに見えるようになり、私たちの暮らしを豊かにするアイデアが具体的かつスピーディーに生まれるようになってきたのです。

| | | |
|---|---|---|
| 0516 | 情報伝達の際の約束ごと（通信規約）のことを \_\_\_\_\_ といいます。 | プロトコル |
| 0517 | インターネットにおける通信の階層構造で最も物理的な層から1番目の階層を \_\_\_\_\_ といいます。 | ネットワークインタフェース層 |
| 0518 | インターネットにおける通信の階層構造で最も物理的な層から2番目の階層を \_\_\_\_\_ といいます。 | インターネット層 |
| 0519 | インターネットにおける通信の階層構造で最も物理的な層から3番目の階層を \_\_\_\_\_ といいます。 | トランスポート層 |
| 0520 | インターネットにおける通信の階層構造で最も物理的な層から4番目の階層を \_\_\_\_\_ といいます。 | アプリケーション層 |
| 0521 | TCP/IPモデルにおける通信の階層の4層にあたり、代表的なプロトコルがHTTP、SMTP、POPなのは \_\_\_\_\_ 層です。 | アプリケーション |
| 0522 | TCP/IPモデルにおける通信の階層の3層にあたり、TCPやUDPが代表的なプロトコルなのは \_\_\_\_\_ 層です。 | トランスポート |
| 0523 | TCP/IPモデルにおける通信の階層の2層にあたり、IPが代表的なプロトコルなのは \_\_\_\_\_ 層です。 | インターネット |
| 0524 | TCP/IPモデルにおける通信の階層の1層にあたり、データを物理的な信号にして伝達することなど、通信の基盤になる部分を担っているのは \_\_\_\_\_ 層です。 | ネットワークインタフェース |

## 過 去 問 ▷

**67.** インターネットにおける通信は、階層的に構成された複数の通信規約（＝プロトコル）にもとづいて行われている。(あ) プロトコルの階層は、アプリケーション層、インターネット層、トランスポート層、[ A ]という4つに大別される。

問1　文中の下線部（あ）について、4つの階層を、より基礎的・物理的な層から順に並べたものを選べ。

① トランスポート層→[ A ]→インターネット層→アプリケーション層
② トランスポート層→アプリケーション層→インターネット層→[ A ]
③ [ A ]→トランスポート層→アプリケーション層→インターネット層
④ [ A ]→インターネット層→トランスポート層→アプリケーション層
⑤ インターネット層→トランスポート層→アプリケーション層→[ A ]
⑥ インターネット層→[ A ]→トランスポート層→アプリケーション層
⑦ アプリケーション層→インターネット層→[ A ]→トランスポート層
⑧ アプリケーション層→[ A ]→トランスポート層→インターネット層

問2　文中の空欄[ A ]にあてはまる語句としてもっとも適切なものを選べ。

① セッション層
② データリンク層
③ ネットワークインターフェース層
④ ネットワークインフラストラクチャー層

【和光大学経済経営学部・表現学部・現代人間学部2021】

**解答** 問1：④　　問2：③

**解説** インターネットでの通信の4階層では、基盤的な層から見るとネットワークインターフェース層、インターネット層、トランスポート層、アプリケーション層の順番で通信が行われます。また、それぞれの階層で代表的なプロトコルが決まっており、これらの処理を順番に行いながら通信をすることにより正常にインターネットに接続が可能となります。

213

| 0525 | メールの作成や送受信に利用するソフトウェアは□といいます。 | メーラ |
|---|---|---|
| 0526 | メールの受信の際に利用するプロトコルでメールをサーバからダウンロードする方式は□です。 | POP3 |
| 0527 | メールの受信の際に利用するプロトコルでメールをサーバに保存したまま閲覧する方式は□です。 | IMAP |
| 0528 | メールの送信の際に利用するプロトコルは□です。 | SMTP |
| 0529 | メールを送信する際に宛先となるメールアドレスは□に記載します。 | TO |
| 0530 | メールを送信する際に受信者に閲覧可能な状態で情報共有を目的に送るメールアドレスは□に記載します。 | CC |
| 0531 | 受信者同士のメールアドレスを公開せずに一斉送信したい場合は、メールアドレスを□に記載します。 | BCC |
| 0532 | メールアドレスの「@」の後ろには□を指定します。 | ドメイン名 |
| 0533 | メールアドレスの「@」の前には□を指定します。 | ユーザ名 |

## 過 去 問 ▷

**68.**　a　ある父と娘の電子メールに関する会話

娘：さっき友達から、「拡散希望」っていう件名の電子メールが届いたんだ。
テレビ番組の企画で、メールの転送を繰り返してどれだけ広い範囲に伝わる
かっていう実験なんだって。番組の担当者の名前とメールアドレスも書いてあ
る。転送するときには、宛先欄に転送先として4人のアドレスを書き並べて、
CC欄に担当者のアドレスを入れることになっているみたい。

　面白そうだから、友達に転送しようかな。

父：ちょっと待って。転送してはだめだよ。それは［　ア　］メールだね。
［　ア　］メールでは、偽情報を拡散させようとしていることが多いんだよ。
他にも［　イ　］とか、［　ウ　］ということもあるよ。


b　相談メール

記述aで娘に［　ア　］メールを転送してきた友人Xは、友人Aから指摘を受け、
担任の先生に相談のメールを表1のようにアドレスを指定して送信したとする。
この場合、娘が受け取ったメールには［　シ　］のアドレスは含まれない。

表1　友人Xによるメール送信でのアドレスの指定

| 宛先（To） | 担任のアドレス |
|---|---|
| CC | 娘のアドレス、友人Bのアドレス、友人Cのアドレス |
| BCC | 友人Aのアドレス |

┌─［　ア　］の解答群 ─────────────────────
　⓪　アクセスログ　　①　Webサイト　　②　公開鍵　　③　ショート
　④　タグ　　　　　　⑤　チェーン　　　⑥　データベース　⑦　ワーム
└────────────────────────────────

┌─［　イ　］・［　ウ　］の解答群 ──────────────
　⓪　拡散させてしまった情報の削除や訂正は難しい
　①　転送である旨を件名に書かないと不正アクセス禁止法に違反する
　②　CCで送信するとメール内容が暗号化されてしまう
　③　宛先欄のメールアドレスを収集して迷惑メールの送信に使おうとしてい
　る
└────────────────────────────────

┌─── [ シ ]の解答群 ──────────────────────────────┐
│ ⓪ 担任　　　　　① 娘と友人Bと友人C　　　　② 友人A │
│ ③ 担任と友人A　　④ 娘と友人Aと友人Bと友人C │
└──────────────────────────────────────────┘

【センター試験「情報関係基礎」2017】

**解答**　ア：⑤　イ：⓪　ウ：③（イとウは順不同）　シ：②

**解説**　他の人に転送させようとするメールを「チェーンメール」といいます。偽情報を拡散させようとする他に、拡散させた情報の削除などは難しいということや、宛先欄のメールアドレスを悪用される可能性もあります。また、メールではToやCCのアドレスは受信者に確認可能ですが、BCCは確認できないという特徴があります。

> **コラム**

　メールを受信する仕組みには大きく分けて2つの方式があります。

　ひとつは「POP3（ポップスリー）」と呼ばれる方式で、これはサーバにあるメールを自分の端末にダウンロードして使うイメージです。だから、自宅のパソコンでメールを一度受信してしまうと、その内容はもうサーバから削除されてしまったり、別のデバイスからは見られなくなる設定になっている場合があります。昔は自宅や会社に決まったパソコンが1台だけあるのが当たり前でしたから、「メールは端末に落として処理する」という形式で問題なかったのです。しかし現代では、スマホやタブレット、ノートパソコンと複数のデバイスを使い分ける人が多いので、あっちこっちでメールを確認したい場合にはちょっと不便かもしれません。

　一方で「IMAP（アイマップ）」という方式では、メールをサーバに保存したまま閲覧する仕組みなので、パソコンとスマホとタブレット、全部を同じメールアカウントで使っていても、同じ受信ボックスやフォルダ、既読・未読の状態などが同期されます。会社のパソコンで確認した後でも、スマホで同じメールの続きを読めたり、うっかり大事なメールを消してしまっても、まずはサーバ上のフォルダをチェックすれば復元できることもあります。複数の端末を行ったり来たりしながら仕事を進めるときなんかには、IMAPのほうが便利だと感じる人は多いでしょう。

　ではメールの「送信」はどうなるかというと、これには「SMTP（エスエムティーピー）」というプロトコルが使われます。名前はちょっと堅苦しいかもしれませんが、要は「郵便ポストに相当する役割」をSMTPが担っていると思えばわかりやすいです。

| 0534 | 加算や減算ができないようなデータを ☐ といいます。 | 質的データ |
|---|---|---|
| 0535 | 加算や減算が可能なデータを ☐ といいます。 | 量的データ |
| 0536 | 分類や区別をするために数値を割り当てた尺度を ☐ といいます。 | 名義尺度 |
| 0537 | 数値の順序や大小関係に意味がある尺度を ☐ といいます。 | 順序尺度 |
| 0538 | 数値の差に意味がある尺度を ☐ といいます。 | 間隔尺度 |
| 0539 | 数値の大小や差だけでなく比率にも意味がある尺度を ☐ といいます。 | 比例尺度 |
| 0540 | 出身地や血液型は尺度の分類の中で ☐ になります。 | 名義尺度 |
| 0541 | 西暦や年号は尺度の分類の中で ☐ になります。 | 間隔尺度 |
| 0542 | 身長や体重は尺度の分類の中で ☐ になります。 | 比例尺度 |

## 過 去 問 ▷

**69.** 表1は、ある店舗の3月3日から3月12日までの10日間の気象情報（天気と最高気温）、来客数および売上高のデータである。このとき、以下の問いに答えよ。

表1　ある店舗の売上データ

| No。 | 日付 | 天気 | 最高気温<br>（℃） | 来客数（人） | 売上高<br>（千円） |
|------|------|------|-----------------|--------------|-------------------|
| 1 | 3月3日 | 晴れ | 10 | 5 | 900 |
| 2 | 3月4日 | 雨 | 8 | 4 | 300 |
| 3 | 3月5日 | 晴れ | 15 | 9 | 2,000 |
| 4 | 3月6日 | 雨 | 6 | 8 | 600 |
| 5 | 3月7日 | 曇り | 9 | 10 | 950 |
| 6 | 3月8日 | 晴れ | 12 | 9 | 1,800 |
| 7 | 3月9日 | 晴れ | 10 | 12 | 2,500 |
| 8 | 3月10日 | 曇り | 8 | 8 | 800 |
| 9 | 3月11日 | 晴れ | 12 | 10 | 1,800 |
| 10 | 3月12日 | 雨 | 5 | 15 | — |

問　表1の表頭にある項目「天気」、「最高気温（℃）」、「来客数（人）」、「売上高（千円）」を量的データと質的データに分類せよ。

【広島市立大学情報科学部 一般選抜後期日程個別学力検査 模擬問題A　改】

**解答** 天気：質的データ　最高気温：量的データ
来客数：量的データ　売上高：量的データ

**解説** 問題文のように収集されるデータは、基本的に量的データと質的データの2種類に大別できます。加算や減算ができない名義尺度や順序尺度は質的データ、加算や減算が可能な間隔尺度や比例尺度は量的データになります。性別、名前などは名義尺度、成績の5段階評価は順序尺度、温度や西暦などは間隔尺度、身長や体重などは比例尺度になります。

**0543** データの収集、整理、分析のうち一番初めに行うのは ▢ です。

収集

**0544** 多くの人に同じ質問を行い、回答を集める調査を ▢ といいます。

アンケート調査

**0545** 一定時間ごとに変化するデータを扱う際に用いるグラフは ▢ です。

折れ線グラフ

**0546** データの割合を扱う際に用いるグラフは ▢ です。

帯グラフ

**0547** データの関係性を分析する際に用いる図は ▢ です。

散布図

**0548** 2つの変数の関係の強さのことを ▢ といいます。

相関

**0549** データを階級ごとに集計した表を ▢ といいます。

度数分布表

**0550** 度数分布表を柱状のグラフで表したものを ▢ といいます。

ヒストグラム

**0551** 独立変数と従属変数の関係を推定するための統計的手法を ▢ といいます。

回帰分析

## 過去問

**70.** b　S市の総労働人口は、2002年から2022年の20年間でおよそ6割に減少している。そこで、ユウキさんはS市における就業者の推移を把握するために、20年間の産業別就業者数を調査し、図3と図4のグラフを作成した。二つのグラフから読み取れる事柄として適当でないものを、次の⓪～③のうちから一つ選べ。なお、ここでの総労働人口は、就業者の総数とする。[　チ　]

⓪　「情報通信産業」の就業者の割合は、20年間で増加している。
①　「建設・製造業」の就業者の割合は、20年間で減少している。
②　「農林漁業」の就業者数は、20年間で増加している。
③　「その他」の就業者数は、20年間でおよそ半数になっている。

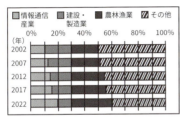 

図3　産業別就業者割合の推移　　　図4　情報通信産業の就業者数と総労働人口の推移

c　ユウキさんは、学校の先生から図4のグラフでは情報通信産業の就業者数が著しく増加しているような誤解を招く可能性があると指摘された。そこで、ユウキさんは、誤解を招かないように図4のグラフを改善することにした。改善すべき箇所として最も適当なものを、次の⓪～③のうちから一つ選べ。[　ツ　]

⓪　凡例を削除　　①　棒グラフを折れ線グラフに変更
②　左縦軸目盛りの範囲を修正　　③　右縦軸目盛りの範囲を修正

【共通テスト2023　情報関係基礎】

**解答**　チ：②　ツ：②

**解説**　図3と図4において、年々総労働人口は減少しています。このため、農林漁業は割合が増えているように見えるが、就業者数自体は減少しています。また、図4において、総労働人口の目盛りの範囲が25000人に対して、情報通信産業の就業者数の目盛りの範囲が500人であるため、大きく異なっている。このため、情報通信産業の就業者数が著しく増加しているように見えます。

| 0552 | コンピュータやネットワークを悪用した犯罪を ☐ といいます。 | サイバー犯罪 |
| 0553 | サイバー犯罪のうちネットワークを介した犯罪を ☐ といいます。 | ネットワーク利用犯罪 |
| 0554 | 偽のサイトに誘導し、IDやパスワードを盗む行為を ☐ といいます。 | フィッシング詐欺 |
| 0555 | 複数のコンピュータから情報システムに対して一時的に過剰なアクセスを行うことで障害を引き起こそうとする行為を ☐ といいます。 | DDoS攻撃 |
| 0556 | 特殊な端末を利用し、クレジットカードの情報を盗み取る犯罪を ☐ といいます。 | スキミング |
| 0557 | ユーザのコンピュータに潜入し、勝手に個人情報などを送信するプログラムを ☐ といいます。 | スパイウェア |
| 0558 | 情報機器を用いずにIDやパスワードを盗み見る手法を ☐ といいます。 | ソーシャルエンジニアリング |
| 0559 | ユーザが意図しない広告を表示するプログラムを ☐ といいます。 | アドウェア |
| 0560 | OSやアプリケーションソフトウェアの欠陥のことを ☐ といいます。 | セキュリティーホール |

過去問 ▶

**71.** （問4） 次のA～Cの記述は、私たちが遭遇する可能性のある情報セキュリティ上の脅威に関するものである。それぞれともっとも関係の深い語句を、下の①～⑥の中から1つずつ選び、その番号を解答欄にマークしなさい。

A．インターネット上の多数のコンピュータから、標的とする情報システムに一時に過剰なアクセスを行なうことで、その情報システムに障害を引き起こそうとする。

B．銀行やクレジットカード会社などからのメールを装った電子メールなどで、利用者を騙して偽のサイトに誘導し、ID・パスワードを盗みとったり、コンピュータウィルスを感染させようとしたりする。

C．悪意あるプログラムの1つで、利用者のコンピュータに潜み、利用者の個人情報や利用履歴などの情報収集をする。

① フィッシング詐欺　　② ファイアウォール
③ スキミング　　　　　④ DDoS攻撃
⑤ スパイウェア　　　　⑥ ソーシャルエンジニアリング

【明治大学情報コミュニケーション学部2019】

**解答** A：④　B：①　C：⑤

**解説** 過剰なアクセスを行うことで障害を起こし、サーバの動作を妨げようとする行為をDDoS攻撃といいます。メールによってユーザを騙し、本物に似せた偽サイトへアクセスさせ、IDやパスワードなどの情報を盗みとる詐欺をフィッシング詐欺といいます。さらに、ユーザのコンピュータに潜み、個人情報や利用履歴などを収集し、情報を取得し悪用しようとする悪意のあるプログラムをスパイウェアといいます。

4
情報通信ネットワークとデータの活用

223

| | | |
|---|---|---|
| 0561 | 通信速度の遅い通信回線のことを[    ]といいます。 | ナローバンド |
| 0562 | 通信速度の速い通信回線のことを[    ]といいます。 | ブロードバンド |
| 0563 | ISDNやダイヤルアップ接続の通信回線は[    ]に分類されます。 | ナローバンド |
| 0564 | ADSLや光ファイバの通信回線は[    ]に分類されます。 | ブロードバンド |
| 0565 | 光ファイバを使う通信サービスを[    ]といいます。 | FTTH |
| 0566 | 一定の時間で伝えることのできるデータ量を[    ]といいます。 | データ転送レート |
| 0567 | 伝えることのできるデータ量が50Mbps～1Gbpsの無線移動通信システムを[    ]といいます。 | 4G |
| 0568 | 伝えることのできるデータ量が10Gbps～20Gbpsの無線移動通信システムを[    ]といいます。[    ]の高速・低遅延の特性が、IoTデバイスのリアルタイム通信を支えます。 | 5G ➡ IoT |
| 0569 | [    ]はデジタル通貨の一種で、ブロックチェーンはその取引を記録するための技術です。[    ]の信頼性と透明性は、ブロックチェーンによって保証されています。 | 仮想通貨 ➡ ブロックチェーン |

## 過 去 問 ▷

**72.** 1990年代以降、(あ)使いやすいインタフェースを備えたパーソナルコンピュータ用基本ソフトウェアの普及やインターネット接続事業者のサービスが拡大したことにより、一般家庭においてもインターネットの利用が増えていった。その後、光ファイバ等を利用した［　A　］接続が低廉な価格で提供されるようになり、一般家庭におけるインターネット利用は常時接続の形態をとるようになる。

　また、2000年代に入ると、電気通信事業者等が公共のスペースで［　B　］規格の公衆無線LANサービスを開始したり、その後、携帯電話が「ガラケー」と呼ばれるフィーチャーフォンからスマートフォンへ進化したりするなど、さまざまな条件が整うことで、(い)自宅においてのみならず、自宅外においてもインターネットに接続できる環境が整えられていった。

問1　文中の空欄［　A　］にあてはまる語句としてもっとも適切なものを選べ。
① ADSL　② ISDN
③ ナローバンド　④ ブロードバンド

問2　文中の空欄［　B　］にあてはまる語句としてもっとも適切なものを選べ。
① IrDA　② LTE
③ Wi-Fi　④ モバイル通信

【和光大学経済経営学部・表現学部・現代人間学部2020】

**解答** 問1：④　　問2：③

**解説** ナローバンドとは、通信速度の遅い通信回線のことであり、ダイヤルアップ接続やISDN回線などがあります。一方で光ファイバやADSLは通信速度の速い通信回線であり、ブロードバンドと言います。公共のスペースで無線LANサービスを行う際はWi-Fi規格を用いることが一般的です。

# 付　録

# プログラミング

## プログラミング ▷

**1.** 以下のプログラムは、商品の個数 (kosu) と商品の単価 (tanka) から合計金額 (goukei) を算出し、結果を表示するプログラムである。

```
(1) kosu=10
(2) tanka=600
(3) goukei=[  ア  ]
(4) 表示する("合計金額は",goukei,"円です")
```

問1　上記の文章を読み、空欄 [　ア　] に当てはまるものとして最も適するものを以下の選択肢から選びなさい。

⓪　kosu - tanka　　①　kosu + tanka　　②　kosu * tanka

③　kosu / tanka　　④　kosu % tanka　　⑤　kosu ÷ tanka

問2　上記のプログラムの「kosu」「tanka」「goukei」というようなデータを保存する領域の名称として最も適するものを以下の選択肢から選びなさい。

⓪　関数　　①　指数　　②　係数　　③　次数　　④　変数

問3　上記のプログラムの出力結果として最も適するものを以下の選択肢から選びなさい。

⓪　合計金額は610円です　　①　合計金額は590円です

②　合計金額は6000円です　　③　合計金額は7000円です

**解答** 問1：②　問2：④　問3：②

**解説** 個数と単価から合計金額を求めるためには、「個数×単価」の計算が必要です。コンピュータでは、乗算「×」は算術演算子の「*」で表します。また、データを保存する領域は「変数」といいます。kosu*tankaを計算すると600×10=6000となるため、出力は「合計金額は6000円です」となります。

**2.** 以下は、2つの変数 (a、b) に格納されている数字を入れ替え、その結果を表示するプログラムである。

---

```
(1)  a=5
(2)  b=30
(3)  表示する ("[入替前]a=",a,"、b=",b)
(4)  tmp=[  ア  ]
(5)  b=a
(6)  [  イ  ]
(7)  表示する ("[入替後]a=",a,"、b=",b)
```

---

問1　上記のプログラムの空欄 [　ア　] に当てはまるものとして最も適するものを以下の選択肢から選びなさい。

⓪　5　　①　a　　②　b　　③　tmp

問2　上記のプログラムの空欄 [　イ　] に当てはまるものとして最も適するものを以下の選択肢から選びなさい。

⓪　b=a　　①　a=b　　②　a=tmp　　③　b=tmp

問3　上記のプログラムの出力結果として最も適するものを以下の選択肢から選びなさい。

⓪　[入替後]a=5、b=30　　①　[入替後]a=5、b=5

②　[入替後]a=30、b=30　　③　[入替後]a=30、b=5

---

**解答**　問1：②　　問2：②　　問3：③

**解説**　(5) 行目において、bにaを代入しているため、事前にbの値を保存していることが分かります。このため、(4) 行目は「tmp=b」となります。(6) 行目でaに保存していたtmpの値を代入する必要があるため、「a=tmp」となります。(6) 行目終了時点で、「a=30、b=10、tmp=30」となっているため、出力結果は「[入替後]a=30、b=10」となります。

付録
プログラミング

# プログラミング ▷

3. 以下は、配列の操作に関するプログラムである。

```
(1) Data=[5,12,15,22,25,29,31,35,39,48,55]
(2) 表示する("Data[0]:",Data[0])
(3) keisan=Data[2]+Data[4]
(4) 表示する("計算結果は",keisan)
(5) keisan=Data[8]-Data[5]
(6) 表示する("計算結果は",keisan)
```

問1　上記のプログラムの（2）行目で表示される出力結果として最も適する
ものを以下の選択肢から選びなさい。
⓪　Data[0]:12　①　Data[0]:48　②　Data[0]:5　③　Data[0]:55

問2　上記のプログラムの（4）行目で表示される出力結果として最も適する
ものを以下の選択肢から選びなさい。
⓪　計算結果は17　　①　計算結果は27
②　計算結果は37　　③　計算結果は40

問3　上記のプログラムの（6）行目で表示される出力結果として最も適する
ものを以下の選択肢から選びなさい。
⓪　計算結果は5　　①　計算結果は10　　②　計算結果は9　　③　計算結果は12

**解答**　問1：②　　問2：③　　問3：①

**解説**　（2）行目では0番目の要素、つまり1番初めの要素について表示しており、「5」が
表示されます。（4）行目では、「Data[2]+Data[4]」、つまり3番目の要素と5
番目の要素の和（15+25=40）が変数keisanに格納され表示されます。（6）行
目では、「Data[8]-Data[5]」、つまり9番目の要素と6番目の要素の差（39－
29=10）が変数keisanに格納され表示されます。

**4.** 以下は、条件分岐を利用したプログラムである。

```
(1)  hikaku=5
(2)  atai=0
(3)  もしhikaku==5ならば：
(4)  └ atai=1
(5)  表示する("ataiの値は",atai)
```

問1　上記のプログラムの（3）行目の条件を踏まえ、（4）行目の実行の有無として最も適するものを以下の選択肢から選びなさい。

⓪　実行されない　　①　実行される

②　このプログラムでは判断できない

③　実行される場合と実行されない場合がある

問2　上記のプログラムの（3）行目の条件を変更し、（4）行目が実行される場合の条件として最も適するものを以下の選択肢から選びなさい。

⓪　もしhikaku<5ならば：　　①　もしhikaku>=5ならば：

②　もしhikaku=5ならば：　　③　もしhikaku!=5ならば：

問3　上記のプログラムの（5）行目で表示される出力結果として最も適するものを以下の選択肢から選びなさい。

⓪　ataiの値は0　①　ataiの値は1

②　ataiの値は2　③　ataiの値は5

**解答**　問1：①　　問2：①　　問3：①

**解説**　問1は、（3）行目の条件が常に真（成立する）であるため、（4）行目は必ず実行されます。問2の条件は、（4）行目が必ず実行される条件に変更する必要があります。選択肢①の「もしhikaku>=5ならば」が適切です。問3は、（4）行目が実行されるため、「atai」には1が代入され、表示結果は「ataiの値は1」となります。

# プログラミング ▷

**5.** 以下は、条件分岐を利用したプログラムである。

```
(1) hikaku=5
(2) atai=4
(3) もしhikaku<5ならば：
(4) │   atai=atai+6
(5) そうでなければ：
(6) └─  atai=atai*6
(7) 表示する("ataiの値は",atai)
```

問1　上記のプログラムの（3）行目の条件を踏まえ、（4）行目と（6）行目の実行の有無として最も適するものを以下の選択肢から選びなさい。

⓪　（4）行目のみが実行される

①　（6）行目のみが実行される

②　（4）行目も（6）行目も実行される

③　（4）行目も（6）行目も実行されない

問2　上記のプログラムの（7）行目で表示される出力結果として最も適するものを以下の選択肢から選びなさい。

⓪　ataiの値は0　　①　ataiの値は2　　②　ataiの値は5

③　ataiの値は8　　④　ataiの値は10　　⑤　ataiの値は24

**解答**　問1：①　　問2：⑤

**解説**　（3）行目の条件は、「hikakuが5未満の場合」であり、hikakuは5なので条件を満たしておらず、（4）行目は実行されず、（6）行目のみが実行されます。実行した結果はataiの値が4に対して、（6）行目を実行するため、ataiに4*6=24が代入され、表示されます。このため、出力結果は「ataiの値は24」となります。

**6.** 以下は、繰り返しを利用したプログラムである。

```
(1)   atai=0 , atai2=0
(2)   xを0から5まで1ずつ増やしながら繰り返す：
(3)   │    atai=atai+1
(4)   └─  atai2=atai2+x
(5)   表示する ("ataiの値は",atai)
(6)   表示する ("atai2の値は",atai2)
```

問1　上記のプログラムの（2）行目の条件で繰り返される回数として最も適するものを以下の選択肢から選びなさい。

⓪　5回　　①　6回　　②　7回　　③　8回

問2　上記のプログラムにおいて、（5）行目で表示される出力結果として最も適するものを以下の選択肢から選びなさい。

⓪　ataiの値は5　①　ataiの値は6
②　ataiの値は7　③　ataiの値は8

問3　上記のプログラムにおいて、（6）行目で表示される出力結果として最も適するものを以下の選択肢から選びなさい。

⓪　atai2の値は6　　①　atai2の値は10
②　atai2の値は15　　③　atai2の値は21

**解答**　問1：①　　問2：①　　問3：②

**解説**　繰り返しの条件が「xを0から5まで1ずつ増やしながら繰り返す」のため、0, 1, 2, 3, 4, 5の6回繰り返します。xが6回繰り返しながらataiに1ずつ加算していくため、6回の繰り返し後ataiの値は6になります。xが0, 1, 2, 3, 4, 5と繰り返すとatai2=0+1+2+3+4+5=15となります。

付録
プログラミング

233

# プログラミング ▷

**7.** 以下は、繰り返しを利用したプログラムである。

```
(1)  atai=0, n=0
(2)  n<6の間繰り返す：
(3)  │     atai=atai+n
(4)  └─    n=n+2
(5)  表示する("nの値は",n)
(6)  表示する("ataiの値は",atai)
```

問1　上記のプログラムの（2）～（4）行目の繰り返される回数として最も適するものを以下の選択肢から選びなさい。

⓪　3回　　①　4回　　②　5回　　③　6回

問2　上記のプログラムにおいて、（5）行目で表示される出力結果として最も適するものを以下の選択肢から選びなさい。

⓪　nの値は4　　①　nの値は6　　②　nの値は8　　③　nの値は10

問3　上記のプログラムにおいて、（6）行目で表示される出力結果として最も適するものを以下の選択肢から選びなさい。

⓪　ataiの値は6　　①　ataiの値は12
②　ataiの値は18　　③　ataiの値は24

**解答**　問1：⓪　　問2：①　　問3：⓪

**解説**　nの値は繰り返すたびに0, 2, 4, 6と変化します。n=6になった際に、繰り返し処理が終わるため、繰り返しは3回、nは6となります。この間にataiの値は0+2+4=6となるため、（6）行目で表示される値は6となります。

**8.** 以下のプログラムをもとに問題に答えなさい。

```
(1)   atai=0 , n=0
(2)   x を 0 から 7 まで 1 ずつ増やしながら繰り返す:
(3)   │     もし x%2==0 ならば:
(4)   │     │     atai=atai+x
(5)   │     │     n=n+1
(6)   表示する ("n の値は ",n)
(7)   表示する ("atai の値は ",atai)
```

問1　上記のプログラムの（3）行目と同じ意味を表すものとして最も適するものを以下の選択肢から選びなさい。

⓪　もし x が奇数ならば　　①　もし x が偶数ならば

②　もし x が 0 ならば　　　③　もし x が 2 ならば

問2　上記のプログラムにおいて、（6）行目で表示される出力結果として最も適するものを以下の選択肢から選びなさい。

⓪　n の値は 3　　①　n の値は 4　　②　n の値は 5　　③　n の値は 6

問3　上記のプログラムにおいて、（7）行目で表示される出力結果として最も適するものを以下の選択肢から選びなさい。

⓪　atai の値は 10　　①　atai の値は 12

②　atai の値は 15　　③　atai の値は 20

**解答**　問1：①　　問2：①　　問3：①

**解説**　（3）行目は「x を 2 で割った時の余りが 0 と等しい」つまり「x が偶数」と同様の意味です。（5）行目は x が偶数の時のみ実行されるため、x が 0、2、4、6 の 4 回なので n の値は 4 となります。同様に（4）行目も x が 0、2、4、6 のときに実行されるため、atai=0+2+4+6=12 となります。

付録

プログラミング

235

## プ ロ グ ラ ミ ン グ ▷

**9.** 以下のプログラムをもとに問題に答えなさい。なお、プログラム中に出てくる関数の説明を以下に示す。

---
**＜関数の説明＞**

**要素数**（配列）…配列の要素数を返す

例：Data=[1, 2, 3, 4, 5, 6, 7, 8]

**要素数**（Data）は8を返す

---

```
(1)  Data=[1, 2, 3, 4, 5, 6, 7]
(2)  kazu= 要素数 (Data)
(3)  x を 0 から kazu-1 まで 1 ずつ増やしながら繰り返す：
(4)  └─  Data[x]=Data[x]*2
(5)  x を 0 から kazu-1 まで 1 ずつ増やしながら繰り返す：
(6)  └─  表示する (Data[x])
```

問1　上記のプログラムの（2）行目の実行後、変数kazuに格納される数として最も適するものを以下の選択肢から選びなさい。

⓪　3　　①　5　　②　7　　③　9

問2　上記のプログラムにおいて、（6）行目で表示される出力結果として最も適するものを以下の選択肢から選びなさい。（縦に表示される結果を横に記載している）

⓪　1  2  3  4  5  6  7　　　①　2  2  3  4  5  6  7
②　2  4  6  8  10  12  14　　③　1  3  5  7  9  11  13

**解答**　問1：②　　問2：②

**解説**　関数の説明から、「**要素数**（配列）」という形は、指定した配列の要素数を返す関数であることから、**要素数**（Data）は7となります。（4）行目は配列のそれぞれの要素を2倍するため、出力結果は「2　4　6　8　10　12　14」となります。

236

**10.** 以下は、配列Kukuに九九の表を作成するプログラムである。添字は0から始まるため、Kuku[0,0]には1×1の値を入れ、Kuku[3,5]には4×6の値を入れる。このため、Kuku[0,0]=1、Kuku[3,5]=24となるように代入を行う。

```
(1) Kuku[9,9]
(2) Kukuのすべての値を 0 にする
(3) xを0から8まで1ずつ増やしながら繰り返す：
(4) │    yを0から8まで1ずつ増やしながら繰り返す：
(5) └──  └── Kuku[x,y]=[  ア  ]
```

問1　上記のプログラムにおいて、Kuku[3,6]に代入する値として最も適するものを以下の選 択肢から選びなさい。

⓪　10　　①　18　　②　21　　③　28

問2　上記のプログラムの(5)行目について、空欄[　ア　]に入るものとして最も適するものを以下の選択肢から選びなさい。

⓪　x*y　　　　　①　(x+1)*y　　　②　x*(y+1)
③　(x+1)*(y+1)　④　(x-1)*(y-1)　⑤　(x-1)*y

---

**解答** 問1：③　　問2：③

**解説** 問題文にある説明から「Kuku[3,5]には4×6の値を入れる」とあるため、それぞれの添字に1を加えた数を利用し、積を求めることがわかります。このため、「Kuku[3,6]」は4×7の値を入れると考えられるため、28を代入します。また、繰り返しの最初の(5)行目では、「x =0,y=0」であり、Kuku[0,0]には1×1を代入するため、Kuku[0,0]=(0+1)*(0+1)=1となると考えられます。このため、Kuku[x,y]では、xyそれぞれに1を加えた数の積を考えればよいので、Kuku[x,y]=(x+1)*(y+1)となります。

付録
プログラミング

237

## 表紙イラスト

### 円茂 竹縄

漫画家、イラストレーター。新潟県長岡市出身。5月3日生まれ、AB型。一般漫画誌でデビュー後、会社員を経て、2009年より広告やビジネス書籍などの分野で活動中。『ドクターズマガジン』『近代セールス』で連載の他、『マンガでわかる材料力学』『マンガでわかる　まずはこれだけ！統計学』（オーム社）など書籍も執筆多数。筋トレが趣味。

**10.** 以下は、配列Kukuに九九の表を作成するプログラムである。添字は0から始まるため、Kuku[0,0]には1×1の値を入れ、Kuku[3,5]には4×6の値を入れる。このため、Kuku[0,0]=1、Kuku[3,5]=24となるように代入を行う。

```
(1) Kuku[9,9]
(2) Kukuのすべての値を0にする
(3) xを0から8まで1ずつ増やしながら繰り返す：
(4) │     yを0から8まで1ずつ増やしながら繰り返す：
(5) └─   └─  Kuku[x,y]=[  ア  ]
```

問1　上記のプログラムにおいて、Kuku[3,6]に代入する値として最も適するものを以下の選 択肢から選びなさい。

⓪　10　　①　18　　②　21　　③　28

問2　上記のプログラムの（5）行目について、空欄[　ア　]に入るものとして最も適するものを以下の選択肢から選びなさい。

⓪　x*y　　　　　①　(x+1)*y　　　②　x*(y+1)
③　(x+1)*(y+1)　④　(x-1)*(y-1)　⑤　(x-1)*y

**解答**　問1：③　　問2：③

**解説**　問題文にある説明から「Kuku[3,5]には4×6の値を入れる」とあるため、それぞれの添字に1を加えた数を利用し、積を求めることがわかります。このため、「Kuku[3,6]」は4×7の値を入れると考えられるため、28を代入します。また、繰り返しの最初の（5）行目では、「x =0,y=0」であり、Kuku[0,0]には1×1を代入するため、Kuku[0,0]=(0+1)*(0+1)=1となると考えられます。このため、Kuku[x,y]では、xyそれぞれに1を加えた数の積を考えればよいので、Kuku[x,y]=(x+1)*(y+1)となります。

**表紙イラスト**

<ruby>円茂<rt>えんも</rt></ruby> <ruby>竹縄<rt>たけなわ</rt></ruby>

漫画家、イラストレーター。新潟県長岡市出身。5月3日生まれ、AB型。一般漫画誌でデビュー後、会社員を経て、2009年より広告やビジネス書籍などの分野で活動中。『ドクターズマガジン』『近代セールス』で連載の他、『マンガでわかる材料力学』『マンガでわかる　まずはこれだけ！ 統計学』（オーム社）など書籍も執筆多数。筋トレが趣味。

## 著 者 略 歴

**藤原 進之介**
（ふじわら しんのすけ）

代々木ゼミナール情報科講師。東進ハイスクール・東進衛星予備校において日本初の「情報科」大手予備校講師となり、ベストセラー『藤原進之介の ゼロから始める情報I』(KADOKAWA)を執筆。株式会社数強塾の代表取締役として、オンライン情報I・情報II専門塾「情報ラボ」や、数学が苦手な生徒向けのオンライン数学専門塾「数強塾」を運営。累計3000名以上の生徒を指導。神奈川県横須賀市出身。

- **本書記載の社名、製品名について**─本書に記載されている社名および製品名は、一般に開発メーカーの登録商標または商標です。なお、本文中では ™、®、© の各表示を明記していません。
- **本書掲載記事の利用についてのご注意**─本書掲載記事は著作権法により保護され、また産業財産権が確立されている場合があります。したがって、記事として掲載された技術情報をもとに製品化をするには、著作権者および産業財産権者の許可が必要です。また、掲載された技術情報を利用することにより発生した損害などに関して、CQ出版社および著作権者ならびに産業財産権者は責任を負いかねますのでご了承ください。
- **本書に関するご質問について**─文章、数式などの記述上の不明点についてのご質問は、必ず往復はがきか返信用封筒を同封した封書でお願いいたします。ご質問は著者に回送し直接回答していただきますので、多少時間がかかります。また、本書の記載範囲を越えるご質問には応じられませんので、ご了承ください。
- **本書の複製等について**─本書のコピー、スキャン、デジタル化等の無断複製は著作権法上での例外を除き禁じられています。本書を代行業者等の第三者に依頼してスキャンやデジタル化することは、たとえ個人や家庭内の利用でも認められておりません。

---

JCOPY 〈出版者著作権管理機構 委託出版物〉
本書の全部または一部を無断で複写複製（コピー）することは、著作権法上での例外を除き、禁じられています。本書からの複製を希望される場合は、出版者著作権管理機構（TEL：03-5244-5088）にご連絡ください。

---

**CQゼミシリーズ**

藤原進之介の
# 入試まで使える情報 I

---

2025 年 5 月 1 日　初版発行　　　　　　　　　　　　　© 藤原 進之介 2025

著　者　藤原 進之介
発行人　櫻田 洋一
発行所　**CQ 出版株式会社**
東京都文京区千石 4-29-14（〒112-8619）
電話　編集　　03-5395-2122
　　　販売　　03-5395-2141

表紙イラスト　円茂 竹縄　　　© 円茂 竹縄
本文デザイン　株式会社リブロワークス
編集担当　　　及川 真弓 / 野村 英樹

印刷・製本　三共グラフィック株式会社
乱丁・落丁本はご面倒でも小社宛お送りください。送料小社負担にてお取り替えいたします。
定価はカバーに表示してあります。
ISBN978-4-7898-5110-7
Printed in Japan